# 博士号だけでは不十分!

## 理系研究者として生き残るために

ピーター・J・ファイベルマン 著
西尾義人 訳

A Guide to Survival in Science

# A PhD Is Not Enough!

Peter J. Feibelman

白揚社

ロリ、カミラ、そしてアダムへ

# 博士号だけでは不十分！　目次

はじめに——この本には何が書かれているのか？　9

1　研究者の卵たち　17

研究生活を必要以上に苦しいものにしてしまった例、研究者としてのキャリアを台なしにしてしまった例など、研究者の卵たちが実際に経験した逸話を紹介する。

わたしの場合——C教授のありがたい教え／Tの場合——大切なのはタイミング／Bの場合——自分自身を知ろう／Lの場合——博士号もちの技術員／RとFの場合——マネージャーがいる職場／Hの場合——パパとママを喜ばせる／相談相手を見つけよう

2　恐竜からのアドバイス　37

今とはまったく違う環境下で研究者となった者が、現代の学生に有意義な助言ができる「師」になれるのだろうか？

3 指導教官の選び方とポスドクの心構え 45
次の重要な問いを考える——指導教官は若い人物にすべきか、年齢を重ねた人物にすべきか。スーパースターがいいのか、職人タイプがいいのか。所属する研究室は小規模なグループがいいのか、大規模な「工場」がいいのか。ポスドクの成功とは何かを考え、そこに関心を向けてみる。
どんな人を指導教官に選ぶべきか／傑出した研究者でも、それだけでは十分ではない／スタッフは全体像が見えているか／成功するポスドクになるために／成功の二つの鍵／指導教官の奴隷になってはならない

4 口頭発表を行う 61
聴いている人たちが雇いたい、首にしたくないと思うような口頭発表を用意することについて。および、聴衆が情報を取り込みやすいような発表にすることについて。

研究者、舞台に立つ／イントロダクション（導入部）／演出を考える／聞き手の忍耐力を試さない／スライドの注意点／テクノロジーの落とし穴／サマリー（まとめ）

5　論文を書く　77
優れた論文を書くことがなぜ大切なのかについて。いつ書き上げるべきか、どうやって読者を引き込むのか、どうやって研究成果に注目を集めるのか。

短い論文を数多く書こう／新聞をまねる／たっぷりと書き、容赦なく削る／査読者

6　キャリア選択を考える　95
大学、公的研究機関、民間研究機関のそれぞれのメリットとデメリットを冷徹に比較する。

大学で働くことの長所と短所／助教のリスク／公的研究機関と民間研究機関／給与を比較する

7　面接を受ける　117
採用面接で行われていることについて。および、答えを用意しておいたほうがいい質問。

ディレッタントはお断り／面接官の気持ちを考えよう／練習に勝る近道なし／採用通知を受け取ったら

8 研究費を獲得する 133

研究助成金を獲得しやすいプロポーザルには何が必要なのかについて。いつ、どのように書きはじめるべきなのか。

プロポーザルには何を書くべきか

9 研究計画を立てる 147

研究計画は、自分の能力や置かれている状況によって調整すべきである。たとえば、任期が二年のポスドクであれば、五年かかる研究計画に着手すべきではない。

タイミングがすべて／状況を見極める／技術志向型か、問題志向型か／生き残るためのいくつかの戦略／自分の名前を知ってもらおう／人気分野にご用心

10　サバイバル・チェックリスト　*163*
翼のフラップが下がっているのを確認する前に離陸をしてはならない。
1 相手の立場になって考えよう／2 優先順位をはっきりさせよう／3 ノーと言うべきときを知ろう／4 つながりの大切さに気づこう

あとがき——成功のための行動主義的アプローチ　*171*

謝辞　*174*
訳者あとがき　*175*

# はじめに――この本には何が書かれているのか?

研究者としての一歩を今まさに踏み出そうとしていたときのことだ。大学院を出たばかりのわたしは、博士号を取得し、高度な技術を身につけてはいたが、科学の世界で生き残る手立てについては、ほとんど何も理解していなかった。だがその点において、わたしはありふれた存在だった。研究者として生き残るための技能を大学院の授業で教えてくれることなど、めったにないのだから。

すでに地位を確立した研究者たちの多くは、優秀な学生とは進むべき道を自分で見つけるもので、それができない者は手の施しようがないと信じている。この信念は教員の怠慢を正当化し、(そしておそらく偶然ではないだろうが)彼らの仕事の負担を軽くする。教員からのこうした優雅なる無視《ビナイン・ネグレクト》によって間接的に推し進められるダーウィン的な淘汰のプロセスも、もしかしたら何かしらの意義をもっているかもしれない。だが全体として見たとき、研究者として生き残る手立てを教えるのを怠れば、学生の才能と時間を大量に浪費することになり、それはばかりか、往々にして学生の人生すらも台なしにしてしまうだろう。

生き残るための技能が直接的な形で教えられることはめったにない。だからこそ、大多数の若き研究者たちは優れた指導者、つまり「師」を必要とするのだ。大学院で師と出会える人もいるだろうし、ポスドク時代、もしかしたら助教時代に巡り会う人もいるかもしれない。師を見つけられなかった人は、本物の研究者になることなく、大学院を出たらすぐに引退ということも大いに考えられる。そうした人が研究者として成功するには、素朴で理想肌で聡明な若者（理工系に多いタイプだ）であるよりも、おそろしく抜け目のない人間になるほかない。

以上のような考えは、常にわたしの頭の中にあった――自分の両親に、「あなたの自慢の息子は物理学の世界においてパーマネントのポスト（いや、どんなポストだって！）に就けるほど優秀じゃなかった」と伝えざるを得ない状況に追い込まれたとき以来ずっと。物理学の研究者として身を立てる資格を得るために、八年の高等教育に加えて四年のポスドク生活を送ってきたというのに！　当時の苦しい気持ちは、簡単に忘れられるものではない。高いＩＱをもった少年が、飛び級をして一六歳でブロンクス科学高校を卒業し、二〇歳でコロンビア大学を最優秀《スマ・クム・ラウデ》の成績で出た。だが、二八歳にして自分が途方にくれているのを知る。どうやって研究課題を見つける？　どうやって口頭発表をする？　自分を雇ってもらったり、あるいはポストを延長してもらうために、どうやって大学や研究機関と渡り合う？

二回目のポスドクの任期半ばまで、わたしにはそれらの疑問を解く手がかりが何ひとつなかった。だがとても幸運なことに、ちょうどその頃、わたしが研究者として生き残っていけるかどうかを心配してくれる年若い教授と数ヶ月のあいだ共同研究をすることになった。師弟関係は短いものだったが、大学院では教わることのなかったノウハウを一通り学ぶのに役立った。もしそれがなければ、長い時間を積み重ねてきたわたしの物理学の勉強もまったくの無駄になっていたことだろう。

この本は、幸運に恵まれず師と呼べる人物をなかなか見つけられない人、大学院を出てポスドクとして研究をして……というだけで研究者としてのキャリアが築けると素朴にも考えている人のために書かれたものである。わたしが望んでいるのは、研究職に就こうとする者の前に何が立ちはだかっているのかを読者に知ってもらうことだ。打ちのめされてしまう前に、それらの避けがたい困難への心構えをもつ手助けとして本書を使ってほしい。要するに、その並外れた頭脳を、あなたと、あなたの進学を支えてくれた人たちが望んでいるような形で活用できるようにしたいのである。

⁂

ここで本書の構成について説明をしておこう。

まず第1章では、いくつかの経験談を紹介する。先輩たちが実際に経験した事例を前もって知っておけば、研究生活をはじめる際に自分の進むべき道が見つけやすくなるだろう。少なくとも、師を見つけるのがどれくらい大切なことかを感じてもらえればと思っている。とはいえ、たとえ師を見つけるのが大切だったとしても、景気がよく、技術水準も今日とはずいぶん違った時代に科学業界に足を踏み入れた年長者に、役に立つアドバイスができるのだろうか？　答えはイエスだ。第2章では、それが不思議じゃない理由を説明する。

続く各章は、一般的な研究者がたどる道筋に従って並べられているので、現在の自分の状況に見合った箇所を読んでもらえればと思う。第3章では、大学院、ポスドク時代の指導教官をどう選ぶかについて書いている。大学院生だったわたしが指導教官を選ぶ際に採用した基準は、学科で最も傑出した教員であること、できるだけ早く大学院を出させてくれることの二つだった。この基準が賢明なものだったのか、それとも最初の過ちとなったのかは、実際に第3章を読んで確かめてみてほしい。

第4章は口頭発表を扱う。研究から得られた洞察がいかに優れていたとしても、発表を聞いている人たちがそれを面白いと思わないかぎり、ほとんど何の役にも立たない。誰も注意を向けない研究結果なら、いくら創意に富んでいたとしても、何の意味があろうか？　たしかに、ノーベル賞受賞者の講演が支離滅裂な場合もある――ひどい乱気流を飛ぶ飛行機内で原稿を書いたのかと思うくらいのときも。だが、あなたはまだノーベル賞を受賞していないのだし、乱気流のなかで原稿を準備したと思われてしまえば、その仲間入りも叶わなくなるはずだ。この章で扱っているのは、「見栄えのするスライドを準備せよ」というような技術的なアドバイスばかりではない。印象的な口頭発表をするための重要なアイデアについても、幅広く取り上げている。

第5章では論文執筆について説明する。研究者は、学術論文を通じて国内外にその名を知らしめる。つまり研究者としてのあなたの評判は、上司からの評価ばかりでなく、インターネット上で容易に入手できる文献に左右されるわけだ。したがって、もし研究者であり続けたいのなら、論文の出版はそれを保証する手段になるし、そうなれば当然、説得力のあるジャーナル論文を書くという行為を真剣に受け止める必要が出てくる。

続く第6章ではキャリア選択を取り上げ、主に、大学、公的研究機関、民間研究機関におけるポストの長所と短所について述べる。ここで強調したいのは、研究生活のなかで下す重要な決定に対して、ナイーブかつロマンチックな態度で接するのではなく、思慮深く合理的に向き合うということだ。

第7章では採用面接について論じる。面接は、きちんとした服装で出向き、面接官と固い握手を交わせばよいというものではない。大切なのは、事前に十分な準備をしておくこと、そして、あなたには時代を読み取る優れた方向感覚があると未来の雇い主を納得させることである。なにも人を騙せと言っているわけではない。そうではなく、どんな人と同僚になるかを調べたり、自分は研究で何を知りたいのかをじっくり考えることが、あなたのキャリアを生産的なものにする鍵となることを説明するつもりだ。またこの章では、オファー（内定）をもらった後の条件交渉についても、耳寄りな話を二、三紹介している。自分のレバレッジ（影響力）が最大のときに必要な条件について交渉を行えば、その後の成功や幸福に大きな違いが生まれることもある。

第8章では、多くの人にとって研究生活の苦しみの原因となるもの、すなわち研究助成金の獲得について述べる。助成金という頭痛の種は、以前ならば大学で働く研究者だけが経験するものだったが、今では公的・民間研究機関でも無視できない大きな問題となっている。この章でわたしが提案したいのは、プロポーザル（研究助成金申請書）を書くことは研究者として力をつけるうえで重要な訓練となる、という考えだ。プロポーザルの準備過程で、自分のプロジェクトが研究分野全体のなかでどんな位置を占めるのかを知り、それを明確に伝えられるようになることは、経済的な援助を受けるためだけでなく、第一級の研究者になるためにも非常に重要である。また同時に、飾り立てた「絵に描いたモチ」と「実現可能な約束」の区別を学ぶことも、たいへんに価値がある。

研究者にとって一番難しいのは、どんな研究に取り組むかを決めることである。駆け出しの研究者であればなおさらだ。それゆえ第9章では、研究計画の立て方に関して少しばかり所感を述べる。たとえば、最も人気のある研究領域に飛び込んだり、任期内で結果を出せないようなプロジェクトに取りかかったりするのは、あまりいい考えではないかもしれない、といったようなことだ。中心となる考え方は、ポストを確保する可能性と研究実績を残す可能性を同時に最大化する計画を立てる、というものである。そうしたことを戦略的に考えていきたい。

＊＊＊

現在この本を書いている時点では、世界的に厳しい経済状況が続いており、科学研究のための予算も縮小している。資源が乏しくなったときに、まだ手に入れられるものをめぐって競争が激化することについては、くどくどと説明する必要もないだろう。つまりあなたがパーマネントの研究職に就き、重要な仕事をするのに不可欠な研究助成金を獲得するには、キャリア選択において今までにないほど思慮深く行動する必要があるのだ。

「携帯版の師」とでも言える本書を読んで省察を深め、研究者として成功する道を見つけられんことを願ってやまない。

一九九三年八月　ニューメキシコ州アルバカーキにて（二〇一〇年加筆）

## 増補改訂版の刊行に寄せて

情報をやりとりする手段は、この一七年間で革命的に変わった。ほとんどすべてのジャーナルが電子版で手に入り、論文は査読を受ける前にインターネット上で発表される（もしくは査読すらされないこともある）。ＯＨＰは学会から姿を消し、液晶プロジェクターとノートパソコンがその代役を果たしている。レジュメはしばしばデータで配布される。今回の増補改訂版はこうした変化に対応するものだが、基本的な内容は第一版が書かれた一九九三年当時のままである。コミュニケーション手段の革命的な進歩は無視できるものではない。しかしだからといって、キャリア選択についてじっくり考えることや、セミナーの聴衆、論文の読者を尊重することの価値が下がるわけでもない。わたしはいまだに、落ち着かない気にさせられるセミナーに出席させられ、眠りを誘うような研究論文を読まされているのだ。

本書をしっかり読んでくれた読者の方々が、よりうまく立ち回れるようになり、何かしらの実りを手にできることを願っている。

二〇一〇年一月　ニューメキシコ州アルバカーキにて

# 1　研究者の卵たち

この章では、駆け出しの研究者の身に実際に起きた出来事をいくつか紹介するが、そこにはある共通のテーマが隠されている——研究者として生き残るには、聡明さのみならず、科学コミュニティの現実をしっかり認識し、合理的に対処することが重要になる、というのがそのテーマだ。

大学院を出た瞬間から、あなたの時計の針は回り出す。上等なワインとは違い、熟成のための時間がふんだんに用意されているわけではない。若き専門家であるあなたは、適切な研究課題を選び、タイミングよくプロジェクトを終わらせ、興味をかきたてる口頭発表をし、注目を集める論文を書かなくてはならない。また、ポストを得るチャンスがめぐってくれば、そのポストの価値を現実的な観点で判断する必要も出てくるだろう。将来の見通しに対して甘い幻想を抱くのは禁物だ。そんなことをしてのっぴきならない状況に追い込まれることは珍しくないし、場合によっては、研究生活から早々に退場する羽目になるかもしれない。

これからいくつか話をしようと思うが、最初に紹介するのは、わたし自身が研究者の道を歩みはじめた頃に実際に経験した話だ。それ以降の話も同じく実話だが、プライバシーに配慮して場所や人物の特徴は変えてある。また、人種や国籍の問題と結びつけられるのを避けるために、登場人物はすべてイニシャルで記した。

## わたしの場合――C教授のありがたい教え

授業の大部分、また論文執筆の過程で行われる指導の多くは、学生の技術の向上を目的としている。たしかに、研究にかけた労力が実を結ぶか否かは、実験装置やプログラムをどう設計するか、どうやってきちんと動かすかに大きく左右される。だが、たとえそれがどんなに優れた技術であっても、**胸躍らせる研究プロジェクトをどう選ぶかを学ぶこと以上に大切なものはない**のである。残念ながら、この極めて重要な知恵が教えられることはまずない。

大学院に入って最初の年のこと。ある指導教官につき、より高度な物理学の課題を与えられたとき、わたしの胸は高鳴った。その課題に取り組む理由を知らないことは、研究の妨げにならなかった。わたしは、当時のスーパーコンピュータを使って分析をやり遂げ、二一歳のときに最初の論文を出版した。のちに博士論文を書くときには、研究テーマを意図的に変え、最新の量子力学の知識が必要なプロジェクトを選択した。だがそのときもまた、その問題がもつ重要性を把握することのないまま、それが科学の最先端にあるかどうか、あるならばどうしてそうなのかも理解せず、うわべの技術だけに習熟していった。こうした研究態度はやがて習慣となり、わたしのキャリアを深刻に脅かすことになる。

わたしが出版した最初の七本の論文は、それぞれ物理学の異なる領域を扱ったものだ。どの場合も先輩研究者頼りで、彼らがこれをやったら面白いんじゃないかと教えてくれた問題に取り組み、仕事をやり遂げた。いま思うと、わたしが年長の研究者たちを感心させ、ポストにとどまることができたのも、仕事をやり遂げるというこの能力のおかげだったのかもしれない。少なくとも、知識の深さのおかげではなかったはずだ。

博士号を取得してから四年が経ち、わたしは二度のポスドクを経験していたが、その頃になってもまだ、科学者として何を学びたいかという問題に対しては、ほとんど意識を向けることがなかった。わたしは新たにポストをさがしていた。何にも増して必要だったのは、自分が勤めている大学からの推薦状だ。そんなときわたしは固体物理学のウィークリー・セミナーでの発表を依頼され、漠然とではあったが、その発表の出来が研究者としてやっていけるかどうかを決める分岐点になることに思い当たった。

　それまで行っていた口頭発表は、ある意味、研究に対するわたしの態度を反映したものだった。前置きはほとんどなく、大半が技術的な話題に終始していたのだ。そのときも、自分が取り組んでいた二、三の「面白そうな」問題に言及してから、研究で採用している手法について説明するつもりだった。研究の背景なるものを伝えようとは考えてもみなかった。それがどんなものなのか、実のところわたしは知らなかったのだ。

　間近に迫ったセミナーのためにわたしが用意したのは、いつものとおり、あちこちのプロジェクトから拾ってきた寄せ集めの話だった。イントロダクション（導入部）はなし、一貫したテーマもなし。言ってしまえば、専門家以外には意味さえもなかっただろう。だが幸運なことに、研究指導のC教授がこれからわたしの身に起こるだろう出来事を察知して、彼のオフィスでセミナーの予行演習をするように言ってくれた。わたしは、その提案をありがたく受け入れることにした。

　C教授は、準備があまりにお粗末なこと、紹介する研究の意義深さについてわたしがほとんど理解していないこと、そしてその当然の帰結として導かれる、わたしの発表のあまりのつまらなさに、驚きを隠せない様子だった（実際はまったく驚いていなかったと思うが）。それと同時に、技術面では優れたものをもっているのだから、こんな発表はすべきではないとも言い添え、わたしに必要なことについて教えてくれた。そのなかでも決定的に重要だったのは、次のような助言だ。

1 研究にはテーマが不可欠である。つまり、何らかの目的、知りたいと思う何らかのことがなければならない。また、それをうまく伝えるためのストーリーも必要になる。たとえば、「わたしはこれまで、微小な粒子によって散乱される光の波長依存性について説明したいと考えてきました」ではいけない。それよりも「なぜ空は青いの、という子供の疑問に答えたいと思っている方は多いことでしょう」とはじめるべきである。

2 その研究に取りかかった理由が自分でわかっているのなら、聴衆の心を引きつけるような発表をするのは難しくない。なぜその分野が重要なのか、何が主な問題なのかなど、自分の見解を述べるところからはじめよう。また、その分野の背景や、他の手法と比べたときの相対的な利点などを示す歴史的事実も紹介するといい。次に、自分の研究の概略を述べてから結果を説明し、最後に、その結果がわたしたちの自然に対する理解をどう向上させたかを伝える。そのうえで可能なら、研究によって生まれた新しい方向性についても軽く触れるといいだろう。

聞いている人たちが専門家ばかりだとは思わないこと。もちろん少しは専門家もいるだろうが、そういう人であっても、自分が理解していることを聞くのは嫌な気がしないものだし、自分の分野がなぜ重要かという話を（誰か他の研究者の口から）同僚に聞かせたいと思っているものだ。

3

最後に、発表の前には、一人か二人の同僚（もしくは理解ある専門家）の前でリハーサルをしておくこと。その際は、質問や建設的な提案をしてくれそうな相手を選ぶこと。口頭発表を行うというのは決して小さな出来事ではない。研究者としての未来は、先輩研究者たちから強く支持されるかどうかで大きく変わってくる。発表が技術や実験や数式の寄せ集めだと思われたり、自分がどこに向かっているかわかっていないとか、セミナー会場にいる専門家たちへのへつらいで満ちているなどと見なされてしまえば、あなたが期待の星、科学界の未来のリーダーと目されることはないだろう。成功の見込みはそこで断たれるのだ。

このありがたい教えによって、わたしは研究者になるとはどういうことかをようやく学んだ。また、自分の研究が他の人にとっても意義のあるものになるよう試行錯誤しているうちに、いつの間にか自分でも、その研究には価値があると確信をもって言えるようになった。わたしはもはや、誰かが考えた問題に取り組むだけの研究者ではなかった。もしかしたら世界に影響を与えるかもしれない知的営為に、明確な目的意識をもって、自らの意志で参加していたのだ。

わたしは準備していた方程式の大部分を捨て去り、C教授から教えてもらった発表テーマにまつわる話題を取り入れて、内容を構成し直すことにした。その結果、わたしの発表はすばらしいものになった。とても刺激的な分野を研究対象に選んだと、ほとんど面識のない人たちに褒められ、内容もわかりやすかったと言ってもらえたのだ。学術の世界において、発表者に対する賛辞ほど光栄なものはない。わたしは大切な教訓を学び、そうして自分の進むべき道に一歩踏み出したのだ。

## Tの場合――大切なのはタイミング

見事な博士論文を書き、研究のことなら何でも相談できる人物という評判を得ていたTは、第一線で活躍する科学者たちがいる一流の政府系研究機関からオファーを受け、そこでポスドクとして働くことになった。Tが提案され、実際に携わることになったのはコンピュータを活用したプロジェクトで、まずは問題を数字で扱えるように定式化する作業があり、その後には膨大な労力を注いでプログラミングをする必要があった。数ヶ月が経過し、パーマネントのポストを見つける必要性に迫られていたTは、そのやりがいのあるプロジェクトに全力を注いだ。

大学院時代は時間的なプレッシャーもほとんどなく、いくつかの研究室を訪れては、毎週二、三時間くらいは同僚たちの研究の手助けをしていたものだが、ポスドクとなった今ではそんな余裕もなくなり、その結果Tは極端に視野が狭くなっていった。

一日のうち少なくとも一二時間を研究に割いたおかげで、Tはまもなく、試験的な計算をする程度にまではプログラムを完成させることができた。出来もなかなか有望だった。ただそれでも、周囲を納得させる説得力のある「ストーリー」が十分に得られていたわけではなく、そのせいでTのジョブ・セミナー（採用面接も兼ねたセミナー）は、聞いている人たちにとっても、また彼自身にとっても、お世辞にも面白いとは言えないものになった。さらに悪いことに、Tは同じ研究室の同僚たちと交流してこなかったので、彼を推薦してくれるのは上司しかいなかった。その研究機関は、所属しているポスドクをパーマネントに引き上げてもいたが、Tの場合は、役に立つ人物と見なされていなかったし、そもそも他の研究員に広く知られていたわけでもなかったので、それも叶わなかった。

研究機関の外でもTのポストさがしは難航し、大学院の指導教官が期待していたレベルには届きそうにもなかった。一番よいポストに応募したときは、現在彼が進めている研究から有益な結果が得られると、未来の雇い主たちに納得させることができなかった（本人は半年から一年以内には結果が出ると信じていたのだが）。他の応募者たちの研究は、Tに比べればこじんまりとしたものだったが、すでに二、三のプロジェクトを終えており、そのおかげでずっと印象的なものに見えた。しかも彼らは、データの分析を手伝っていた共同研究者たちから、強力な推薦をもらっていたのである。

Tへの評価が誤りだと言って、未来の雇い主たちを責めるのは難しい。というのも、雇い主たちにとっては、Tはどこの馬の骨ともわからない、実力を測りかねる存在だからだ。博士論文で扱った研究は指導教官のものかもしれないし、ポスドクで取り組んでいるプロジェクトも――たとえ価値あるものだとしても――まだやり遂げていない。はたしてこのTという人物は、プロジェクトを自分の手で終わらせるだけの能力があるのか？　自主的に物事に取り組めるのか？　雇い主たちには、その答えが見えてこなかったのである。

Tがこうなってしまった責任の一端は、研究所の上司にある。一年半後にはポストさがしをしなければならないポスドク研究員に長期のプロジェクトを担当させるのは、そのポスドクの未来にとって明らかなリスクとなるからだ。しかしながら、もしTが研究に対するのと同じくらいの真剣さをもってキャリアについて考えていたのなら、自分がいま危ない橋を渡っていると気がついただろう。また、プロジェクトがどれほど刺激的なものに思えたとしても、そんな桁外れの努力を必要とする研究が、ポスドク時代に取り組むには適していないことも理解できたのではないか。少なくともTは、研究室の同僚たちに日に一度でも週に一度でもコンタクトをとって、はっきりとした成果が見込めそうな、一つないし二つの短期プロジェクトに関わっておくべきだった。

大学院生やポスドクの多くは、指導教官が何を望んでいるかを理解しようと時間を費やし、それに沿った行動をとろうとする。だが実のところ、自分が何がしたいかを見極め、それを実行する若き研究者こそが、リーダーになることを学び、一番よいポストを手に入れ、最も生産的で満足のいくキャリアを送れるのである。大学院、ポスドク時代の指導教官をよい気分にさせるのは、分別のあることだし、実践する価値もあるだろう。だがそれも、自分がいちばん興味のあるものに取り組むことほど重要ではない。

## Bの場合——自分自身を知ろう

中西部の有名大学で博士号を取得したBは、四年間の大学院生活のあいだに二人の指導教官についた。一人目はノーベル賞をとった理論家で、化学者であれば誰でもその名を聞いたことがある人物。二人目は実験家で、こちらもまた多くの研究者から尊敬されている人物だった。

学位を取得したBは、大手の研究機関から「パーマネント」のポストをオファーされると、ポスドクの任期付きポストではなく、そちらを選ぶことにした。こうしたケースがまれだと理解していたからだ。だが、この見るからにすばらしいチャンスが落とし穴だったと気づくのに、そう時間はかからなかった。

新しい職場は、Bに二つの選択肢を用意していた。ひとつ目は、大きなプロジェクトに携わっている上席研究員からの提案で、最初の数年間は彼のラボで働いてみないかというものだった。そうすれば実験面での知識も深まり、二、三年後に自分が中心となって研究をするときも、ずっとうまく準備ができるようになっているはずだ。客観的に見て、これはまたとない機会と言えるだろう。やる仕事は実質的にポスドクと同じだが、常勤職員と同レベルの給与がもらえ、さらにはジョブ・セキュリティ（被雇用者としての立場の安定度。解雇のされにくさ）にもほとんど遜色がないのだから。

二つ目の選択肢は、すぐに自分が中心となって研究をはじめることだった。若手の同僚たちの話によれば、その研究機関ではマネジメントの観点から、正職員は自分自身の研究プロジェクトを進めるよう期待されているという。また、年に一度行われる業績評価で、誰かの「アシスタント」として働いていると見なされた場合は、評定や給与やジョブ・セキュリティに影響が出てくるともいう——しかも、おそらく取り返しがつかないほどの悪影響が。

大学院で実験物理を二年間勉強しただけでは、その研究機関が求めている研究レベルに到達できていないことは、特別思慮深い人でなくてもわかるはずだ。にもかかわらず、師と呼べる助言者をもたなかったBは、正職員という夢のような待遇を危険にさらすのを嫌がり、本当は何よりも必要だった研究者としての訓練を受けられる、ひとつ目の選択肢を選ばなかった。それが間違いの元だった。

三年かけて実験装置を買いそろえ、ラボの準備をした後も、Bはまだ研究計画を完成させることができず、研究者として何をしたいのかについても、ほとんど考えがなかった。この状況を見かねた管理者サイドは、実験装置への投資やBの並外れた経歴にもかかわらず、基礎研究の場からBを外すことに決めたのである。上司から研究の目的を明確に示してもらえる環境にうつったBは、次第に共同研究者として力をつけていき、今ではそれなりに幸せな時間を送っている。とはいえ、彼はもう基礎研究をしておらず、最初の選択を間違えたせいで非常に辛い数年間を過ごす羽目になったとも言える。悲しいことに、Bの結婚生活は仕事がうまくいっていなかった時期に破綻してしまった。こうした不幸な運命は、研究者として独り立ちしようと四苦八苦している人たちにも多く見られる。

## Lの場合――博士号もちの技術員

Lは、とある名門の研究室でポスドクとして二年間勤務した。取り組んだプロジェクトは自分の専門とは異なるものだったが、大学院時代に身につけた技術的なノウハウを買われて、その研究室に雇われたのだった。Lに期待されていたのは、彼が博士論文で扱った分野の技術と、現在取り組んでいるプロジェクトの技術を融合して、実験装置一式を組み立てることで、二年の任期が終わる頃に無事完成した。そのあいだには指導教官が書いた論文に名前を連ねたこともある。研究所はLの働きに十分満足していたが、一方で、彼がその新しいプロジェクトの基礎的なところを本当は理解していないことにも気づいていた。そのため研究室は、Lにパーマネントのポストをオファーすることはなかった。

Lがもし、より積極的で気の回る若者だったら、二年という貴重な年月を、指示された装置を組み立てることだけに費やさず、そのうちのいくぶんかを使って、新しいプロジェクトの方向性について質問をし、できるだけ幅広く文献に目を通し、さらには自分自身の研究が目指すべき道について検討したことだろう。しかし、Lはそうしなかったし、そうすべきだと言ってくれる人もいなかった。任期が切れる頃になっても、ある分野の専門家になり、胸の躍るような研究計画を立てることが、研究者になるための必須条件だとLは気づいていなかったのである。Lはその後、なんとか「パーマネント」のポストに就くことができた。だが先に紹介したBの場合と同様、パーマネントというのは名ばかりにすぎなかった。

新しい職場でLは再び実験装置を組み立てた。しかし、彼が主体的に研究に加わることはまたしてもなかった。セミナーでも、研究計画書を検討する場においても、ほとんど何の貢献もしなかったのである。責任者《マネージャー》の前で研究計画を説明するときも、彼が言えたのは、「面白そうな」問題をさがしていますという程度のことだった。新しい職場の雇い主は、Lが組み立て、作動させた装置には満足していた。だが、Lが研究部門から異動させられるのには、それほど長い時間はかからなかった。

Lは研究に向いていなかっただけだ、と言う人もいるかもしれない。もって生まれた性格によって、運命はすでに決まっていたのだと。おそらくその指摘は正しいだろう。だが一方で、わたしにはLの事例をもったいなく思う気持ちもある。もしLが学生時代かポスドク時代のどこかで師に出会い、適切な指導を受けていれば、自分が訓練を受けた分野で順風満帆なキャリアを歩んでいたのではないか。あるいは、もっと早い時期に進路を変えて、より自分に合った専門分野に進めていたかもしれない。異動したLがその後どうなったかは、わかっていない。

## RとFの場合――マネージャーがいる職場

研究部門長などの責任者《マネージャー》はよく間違いを犯す。そして不幸にも、そうした間違いは、マネージャー自身ではなく、その下で働く者たちを傷つけてしまうことが多い。

同じ研究機関に所属するRとFの体験について考えてみよう。

Rはポスドクを二年間経験した後に、「パーマネント」として雇われた。だがそれは名目上であり、本当のパーマネントになるためには、二、三年のうちに自分が有能な研究者だと証明しておく必要があることを本人は理解していた。そこで、最初の一年を費やして実験装置を用意しラボを立ち上げ、新しくFがやってきたときには、すでに自分の研究をはじめる準備を整えていた。

Fが採用されたのは、マネージャー側がかなり力を入れて進めていたプロジェクトだったが、期待していた（そして必要でもあった）外部の研究資金を得るのに失敗し、そのプロジェクトは頓挫してしまった。その結果、マネージャーはFの配属先を新たに決めなくてはならなくなり、経歴が似ているという理由から、Rのラボでポスドクとして働いてもらうことにした。こうなると、もう結末は見えたようなものだった。

Fは頭の切れる若者だったので、自分の将来が、重要な研究結果を出せるかどうかにかかっていて、しかもそれを短期間で出さなければならないことに気づいていた。負けず劣らず頭の切れるRも、試用期間とも言える自分の立場では、いくつかのプロジェクトをやり遂げ、マネージャーたちの信用を勝ち取る必要があるとわかっていた。功名心にはやる二人の共同研究がうまくまとまるわけもなく、どちらが装置のつまみを回すのか、はたまた、この業績に関してはどちらの功績を認めるのかといった問題で、延々と口論が続くようになった。そして、このひどい状況をもたらす原因になったにもかかわらず、マネージャーは、RとFが抱えている不平不満について、双方から話を聞こうともしなかったのである。

結局Rのラボで行われた研究では、その大半の功績はFにあると認められ、それによって、研究者というよりは技術員としての適性をもっていると判断されたRは、研究から外されることになった。とはいえ、その過程でFの不平不満もマネージャーの知るところとなり、そうしたFの態度に対する悪感情は、研究成果に対する好感情をはるかに上回るものだったので、彼が不運なRの後任候補となることもなかった。現在のFは違う研究職についているようだ。彼の成功を祈ろう。

RとFは、どうしたらこんなひどい目にあわずにすんだのだろうか。共同研究がうまくいくには、どちらか（あるいは両方）の研究者がすでに評価を確立しているか、もしくは、たとえば理論家と実験家のように、双方の研究者が、プロジェクトに対して、異なってはいるが同等の価値をもった技術を提供できる必要があるだろう。ライバル関係にある若手研究者同士でうまくいくのはまれである。RとFはまだ経験が足りなかった。だから、Fをポスドクとして迎えれば悪夢となり得ることや、その配属を双方ともが断るべきだったことに気がつかなかったのだ。

もしRとFが、ふさわしい師に早い時期に出会っていたり、もしくはその下で研究をしていたならば、自分たちが直面せざるを得なかった競争関係にも対処できていたかもしれない。また、もしマネージャー側が最初からRが「上司《ボス》」であると説明し、業績に対する貢献度をどのように振り分けるかを話し合っていれば、Fだって、Rのところで働くべきかどうかについて、より事情に通じた判断を下せただろう。そうすれば、後で不平をぶちまけるような理由もほとんどなくなっていたはずだ。しかし実際には、彼らは自分たちだけで判断し惨めな一年半を送り、Rの研究者としてのキャリアは夢に終わってしまったのである。

## Hの場合——パパとママを喜ばせる

研究者の卵たちが両親に喜んでもらいたいという気持ちを胸に抱いているのは、珍しいことではない。このような動機はもちろん大切なものだが、しかしそれも、思いが強すぎて合理的な判断が下せなくなってしまえば、かえって逆効果になる。

Hは、ある教授の長女で、その教授は微生物学の権威だった。就職にはあまり結びつかない分野で博士号を取得したのち、それまでに身につけた熟練した技術を生かせば確固たる地位を築けるのではないかと考えて、彼女は分野を変えることにした。ところがHは、この賢明なる転身を有名大学の助教となることで実現しようとしたのである（どんなに好意的に見ても問題のある選択だ）。

Hがこのような決断を下したのには、大きな理由があった。父親に対して、自分も同じようにアカデミックの世界で成功できると示したかったのである。だが、もし彼女が自分の選択についてじっくり考えていたなら、父親が研究者として歩みはじめたのは、研究助成金が劇的に増えた時代であり、成功の見込みが今よりずっと高かったという事実に気づいたことだろう。自分の決断によって今後五年間はとても大変な日々が続き、私生活を充実させる余裕がないことも見通せていたかもしれない。

新しい分野の基礎知識を学び、講義をこなし、プロポーザルを書き、実験設備を整える――研究結果を出すためにはすべて必要なことだ――などするうちに、気がつけばHは一日一六時間も大学で過ごすようになっていた。おかげで五年後にはテニュア〔終身在職権〕を取得し、その意味において彼女は成功したと言える。だが、この五年間のHには仕事以外の時間はなく、ようやくテニュアになったときには結婚生活も破綻していた。はたして彼女の父親はそれを喜ぶだろうか？

Hが選んだのが公的あるいは民間の研究機関だったら、もっと楽に望みをかなえられただろう。講義を受けもつ義務もなければ、各種委員会の会議もない。成績の説明を求めてドアの前で待ち続ける学生もいない。一日に八時間、あるいはせいぜい一〇時間もあれば、自分の職務をこなせるはずだ。そうして同じ五年の月日をかけてラボを立ち上げ成果を出していれば、一流大学のテニュアになるのにも、さほど困難はなかっただろう。それだけではない。Hはさらに、家族のために時間を使えただろうし（ひょっとしたら彼女が望んでいたように子供も生まれていたかもしれない）、収入が三〇～六〇％増え、被雇用者としての立場もより安定したものになっていたはずだ。面白い小説でも読んでリラックスするとか、もしかしたら長期休暇すらも楽しめたかもしれない。

現在、Hの生活は順調だ。しかし、父親に認められたくてアカデミックの世界に進むという彼女の感傷的な思いについて考えるとき、わたしはHの払った代償は高くついたと思わざるを得ない。

## 相談相手を見つけよう

本書は、研究者を目指すうえで有益となる考え方を知る一助になればと願い書いたものだ。だが、どんな著者であれ、一人ひとりの読者を待ち受けている個別の落とし穴は予見できない。それを考えれば、研究者としての一歩を踏み出すためにできる最善の準備とは、自分自身の手で「研究におけるおじ、おば」をさがすことだと言えるだろう。つまり、親戚のおじさん、おばさんのように、自分に対して権力を振るうことはほとんど（あるいはまったく）ないが、相談相手としては十分な経験を有していて、的確な助言をしてくれる人を見つけるのだ。

指導教官以外の人たちと知り合うのに及び腰になってはいけない。これまで面識がなかった研究者たちも、他の人との交流をとても大切にしているはずだ。オフィスや研究所の閉ざされたドアの向こうでは、そうした研究者たちが日々多くの時間を過ごしており、そして誰もが誰かにアドバイスをしたがっているのである。

## 2　恐竜からのアドバイス

わたしの基準からすれば、今日のテクノロジーは高度に発展している。それも非常に高度に。電子メールが実用化されてからたった二、三〇年しか経っていないし、長距離電話は高くつくので、わたしのような時代遅れの「恐竜」は、今では「かたつむり便《スネイルメール》」として軽んじられている普通郵便を利用するか、そうでなければ直接会うようにしている。インターネットなどというものはなかった。履歴書をＣＤ－ＲＯＭに保存することも選択肢になかった。実際、「ＣＤに焼く」なんて表現は辞書に載っていなかったのである。また、真剣に文献の調査をしようと思ったら、何時間もの退屈な時を図書館で過ごす覚悟が必要だった（そのうち「図書館ってなあに？」と言われるのだろう）。コンピュータは信じられないほど遅かった。

変わったのはテクノロジーだけじゃない。たとえばアメリカでは、マンハッタン計画の輝かしい記憶や、ソ連による一九五七年のスプートニクの打ち上げ成功に対する不安が、六〇年代後半まで広く共有されていて、それによって、物理学をはじめとする科学一般に対して、莫大な予算が割り当てられることになった。その恵まれた時代にあっては、テニュア・トラック〔テニュアを取得するための準備期間にあたるポジション〕を見つけるどころか、テニュアの取得ですら、博士号を取ったばかりの研究者の卵にとって特別に荷の重い仕事というわけではなかったのである。

こういった事実は、深刻な疑問をわたしたちに投げかける――数十年前の技術環境、社会状況で成功したにすぎない研究者のなかから、有益な助言をしてくれる師を見つけることができるのか？　わたしの考えでは、その答えはイエスだ。ただし年長者なら誰でもいいわけではなく、対象を絞る必要はある。成功によって歴史認識や自身の能力に対する評価を曇らせてしまったような研究者は避け、親しみを感じさせる人物をさがすべきだろう。そうした年長者たちは、ＳＮＳに参加しようなどという気はさらさらなくても、研究者間のネットワークが必要なときに手を差し伸べたり、凡庸な発想と面白い研究課題を見分けたり、あなたの用意した口頭発表や文章表現にアドバイスをしたりなど、様々な援助をしてくれるだろう。

たしかに、年長の研究者たちは比較的簡単にテニュアを取得できたかもしれない。しかしだからといって、それら研究者たちがみな勘違いをしているわけではないだろう。特別に恵まれた時代に就職活動ができたという幸運を、自分が最高の知性と鋭いキャリア戦略をもっていることと混同しているとは限らないのだ。さらに言うならば、今の若者と同じような経験をしたおかげで、あなたが置かれている状況を難なく理解できる年配の研究者だって、かなりの数で存在している。実のところ、わたしもその一人なのだ。博士号を取得したのは、まだ社会状況が良好だった一九六七年の一二月だったが、すぐにテニュア・トラック職を求めることはせず、代わりにパリでポスドクとして働くというヘマを犯したのである。

フランスでの生活はすばらしいものだったが、その代償は高くついた。ほんの数年前までは容易だったポストさがしも、七〇年代初頭にはすでに難しくなっており、そんな時期にパーマネントの研究職を目指すことになったからだ。先見の明がなかったわたしは、研究資金の潤沢さという面においては、悪い状況にわざわざ自らの身を置いてしまったようだ――しかし、研究者の卵が不況時代にパーマネントのポストを勝ち取るには何をすべきなのかを理解するという面では、よい状況だったのだと思う。では、ポストを求めるわたしの旅は、どのようにしてハッピーエンドに落ち着いたのだろうか？

一九七三年、アメリカの経済は急激に悪化していた。ベトナム戦争は終結へ向けて動き出し（T・S・エリオットならば「とどろきもなくただひそやかに」と言うところか）、ウォーターゲート事件によって、数ヶ月後にはニクソン大統領が辞任に追い込まれた。わたしは三一歳で、物理学のパーマネント・ポストをさがしていた。というのも、当時のわたしはソフトマネー〔外部の助成金で給与等がまかなわれること〕の助教だったが、働きはじめて二年ちょっとが経過した頃に、次のような知らせを受けたからだ——わたしの給与を払ってきた国立科学財団の助成金の期間は三年で、それが切れた後は、わたしをテニュア・トラックに採用するための研究費を得ることはできないだろう、と（よくある話だ）。

選択肢はそう多くはなかった。ヒューストン大学、テキサスA&M大学、そしてテキサス大学オースティン校での面接のために、テキサスまで足を運んだことを覚えている。それぞれのキャンパスで話をして、それとは別に個人的に職員とも会い、感触もいいと感じていたが、しばらくすると、希望していたポストはもう埋まってしまったと連絡が来た。申し訳ないね、というわけだ。

一二月には、スタンフォード大学の応用物理学科で研究をするために、カリフォルニア州のパロアルトに五週間ほど滞在したが、日曜日に新聞を読んでいると（たしかに新聞である。七三年にはまだクレイグズリスト〔アメリカの大手広告サイト〕はないのだから）、一件の求人広告が目にとまった。都市計画の予想される影響について、市長に助言できる研究者を募集する求人だ。このポストもまた任期付きのものだったが、二年間のポスドク職を二回、三年間の助教を一回経験して、ノマド的な生活には慣れっこになっていたわたしは、それでも応募してみることにした。

都市計画に関しては何の資格ももっていなかったにもかかわらず、サンフランシスコのトランスアメリカ・ビルの足もすくむような高層階で行われた面接は、かなりうまくいっていた。だがそれも、面接官が次の質問をするまでのことだった。「これから数週間後に、もし物理学のほうのポストで内定が出たらどうします？　受けますか？」。わたしはそれに対して正直な――そして間違った――答えを返した。イエスと答えたのだ。面接が終わる頃には、わたしの心は再び絶望で満たされていた。

だがその後、予想もしていなかった出来事が起こった。ニューメキシコにあるサンディア国立研究所に勤めていたポスドク時代の同僚が、医者になるために研究所をやめることになり、後釜にわたしを推薦してくれたのだ。パーマネント・ポストだった。

その頃には、研究職に就くために必要な事柄がわたしにもわかっていた。だから、自分の研究の方向性を明確に伝えることができたし、また理論家として、自分が役に立つ人間であり、みながよくわかっていないアイデアを十分に理解していると実験家たちを納得させる義務があることも理解していた。そこでわたしは、面接の一部として行われる口頭発表の内容を考え、洗練していった。発表の最初の三分の二は導入部で、図版も使い、主に大まかな考え方について述べるものにした。将来同僚になるかもしれない実験家たちへのアピールを考え、意図的にそうしたのである。終わりの三分の一は、数式を使った高度に理論的なものにした。発表を聞いている人たちが、自分に欠けている専門性をわたしの中に見出してくれるのを狙ってのことだった。

この作戦は功を奏した。わたしはサンディア研究所からオファーをもらい、すぐさま受諾することにした。仕事がはじまると、面接で約束したことを守るために最善の努力をした。わたしはそこで実りの多い三六年を過ごし、二〇一一年、六八歳となった今でも現役の研究者である。

今のわたしの自叙伝とその幸福な結末に、どんな教訓があるのだろう？　ひとつは、このSNS時代では珍しい話ではないが、ネットワークは機会を得るためのすぐれた手段であるということ。求人広告に応募して望ましい結果が得られる場合もあるが、誰か知っている人がいれば、その可能性はもっと高まるだろう。

二つ目の教訓は、ものごとに真剣に取り組むことの大切さである。何かあればすぐにでも物理学の世界に戻ろうと考えている者を、都市計画の仕事にふさわしいと思う雇い主がいるだろうか？　わたしにはそうは思えない。

三つ目は、たとえごくわずかのポストしかなかったとしても、その数がゼロになることはなく、そして競争に勝つのは最も入念に準備をした者であるということ。サンディア研究所の面接官が何を求めているかについて、そこそこ確かな考えをもっていたわたしは、口頭発表を魅力的なものにするために、かなりの時間を費やした。この努力は実に有益だった。

自分がいつの日かパーマネント・ポストに就けるかどうかを考える際には、次の二つの要因を考えてみるとよい。ひとつは、自分に適したポストで応募可能なものはいくつあるか、ということ。もうひとつは、それらのポストをめぐる競争で自分が勝つ確率はどれくらいあるか、ということだ。第一の要因に対してあなたができることは実質的にない（どうしてもと言うなら政治家に陳情するくらいはできるだろう。がんばりたまえ！）。そうであれば、意味があるのは第二の要因のほうに集中することだ。ポストが少ないと絶望していても、何も得るものはない。だが、いつかめぐってくる機会に備えていれば、何かが手に入るかもしれない。

実のところ、本書の大部分はそうした事柄について述べていて、基本となる主張は二つある。

1　汝自身を知れ

2　相手が求めていることを理解し、尊重せよ

先ほど紹介したわたしの体験談は七三年から七四年にかけてのことだが、それ以来、アメリ

カおよび世界の経済は、よい時期も悪い時期もあったように思える。本書の第一版が出た九三年には、アメリカは再び不況に見舞われ、この本を必要とする読者が誕生する下地となった。それに続くＩＴ業界の好景気もやがてバブルがはじけ、今日のわたしたちは二〇〇八〜〇九年の大不況の余波の中で生きている（ゆっくりと抜け出しつつあるかもしれないが）。その結果、若き研究者たちの雇用機会は再び恵まれないものとなり、だからこそわたしは、たしかに九三年以降世界は大きく様変わりしてしまったが、あなたたち読者も、この恐竜時代の生き残りから何らかの有益なヒントを見つけられるのではないかと思うのだ。

## 3　指導教官の選び方とポスドクの心構え

大学院生だったわたしが、論文の指導教官を選ぶ際に決め手にしたのは、その人物が物理学の世界で傑出した存在だったことと、あまり長い時間をかけずに大学院を修了させてくれるという評判があったことだった。駆け出しの研究者時代に下した他の選択と同様、今ならば、この基準は悪くはないが、いささか不十分だとわかる。

### どんな人を指導教官に選ぶべきか

傑出した人物を論文の指導教官として選ぶのは大いに意味があることだが、それは指導教官の輝かしい才能を引き継げるからではない。わたしも一度ならず目撃したが、才能は譲渡不能だ。第二のライナス・ポーリング、ロアルド・ホフマン、ジェームズ・ワトソン、フィリップ・アンダーソンになろうという試みが失敗に終わるのは、周知の事実である。

したがって、傑出した人物を指導教官として選ぶ利点とは、

1　その人物が属している「オールドボーイ・ネットワーク」、すなわちOB同士のつながりを利用できること（厳しい時代でも、あなたが生き残れるように手助けできる。ときには、あなたにその価値がない場合でさえ）

2　あなたと競争しないということ

である。1については、考えるまでもなく明らかに有益だろう。だが2に関しては、経験のない人にとっては説明が必要かもしれない。

もし指導教官がパーマネント・ポストを目指しはじめたばかりの若手であれば、証明すべきことはたくさんあるだろうし、学生やポスドクに出し抜かれるのを警戒し、それゆえ研究のアイデアや進展において彼らの貢献があったと認める寛容さをもちにくくなる。それとは対照的に、すでに名をなした人物が指導教官なら、学生たちの業績を誇りに思い、喜びさえ感じてくれるかもしれない。したがって、他の条件が同じであれば、すでに評価の確立した（テニュア

を取得している）教員を選ぶ方が、よい選択だと言える。

わたしがこのように勧めるのは、大学という組織の仕組みを考えれば、必然的にそうならざるを得ないからだ。若い教員たちが、研究者として生き残るために学生よりも自分のことに関心を払いがちだとしても、彼らを非難するわけにはいかないだろう。

評価の確立した指導教官を選ぶことはまた、着手した論文を無事書き終え、ひとつの大学だけで大学院生活を終えられる可能性を高くする。というのも、助教の場合だとテニュアに昇進できないことがままあり、もしあなたの指導教官がそうなってしまえば、他大学に移るか、ことによると永遠にアカデミックの世界から消え去ってしまうかもしれないからだ。どちらにせよ、あなたは望ましくない困難な状況に直面することになる――教官とともに大学を移るのか、それとも指導教官を変えるのか、変えるとしたら誰を選ぶのか、論文のテーマを新しいものにするのか、あるいはそれまで進めてきたテーマを継続し、それを応援してくれる人物をさがすのか？

もちろん地位のある教授でも、あなたが学生のあいだに職場を変えることはあるが、可能性は低い。そのレベルの教授であれば名の知れた大きな組織に移ることになるだろうが、そうした移籍の際に生じる諸事の煩わしさは、かなりのものだからだ。また、大学が何かしらの条件を出して優秀な研究者を引き留めようとするケースもあり（もちろん予算があるときだが）、その場合も移籍の可能性は低くなる。

さらに言えば、たとえ指導教官が今いる大学から出ると決意しても、あなたの論文はそうそうひどいことにはならないはずだ。地位の確立した研究者が自らの意思で職場を変えるのは、たいていの場合、助成金などの研究に関する条件が新天地のほうが良好だからだ。したがってこの場合、指導教官についていくことは経済的に見て可能なだけではなく、研究の面でも望ましいのである。だとすれば、実際についていくと決めたときでも、博士号取得のための遅れは最小限で済むだろう。

なお当然ながら、指導教官の年齢が高くなればなるほど、あなたが学生のあいだに重い病気にかかったり、死んでしまう可能性は高くなる。逆に言えば、そういうことでもなければ、彼らは研究の世界から完全に足を洗おうとしない。


**傑出した研究者でも、それだけでは十分ではない**　実績のある研究者を指導教官として選べば、これまで見たように、たしかに利点は多い。だが優れた指導者を見つけるのは、大きな賞をとっていたり、講演の依頼をよく受けたり、巨額の研究助成金をとってきたりする研究者をさがすことほど簡単ではない。

指導教官になってほしい人物は、そこそこ頻繁に学生と打ち合わせをしてくれるか？　親身になって指導をしてくれるか？　共同研究者でもない人（たとえば、あなたのような新米）とも、気楽に話ができるか？　加わろうと思っている研究グループには目的意識があるか？　スタッフ同士の意思疎通がはかれているか？　その高名な教授は研究者として生き残る術まで教えてくれるか？……こうしたことはみな大切な問題だ。

指導教官を選ぶときに誤った選択をしてしまうと、場合によっては、その後数年にわたって苦難の日々が続く可能性もある。それを避けたいのなら、意中の指導教官の下にいる（あるいは過去にいたことのある）学生と話をして、先に挙げた大切な問題を確認してみるとよい。

**スタッフは全体像が見えているか**　E教授は偏執狂的で、不愉快な人物であり、科学界に身を置いているのに量子力学の存在を知らないという噂も耳にする。だが物質科学における貢献は多岐にわたっていて、E教授の研究室の学生たちも同様にすばらしい成果を上げていた。学生たちは自分の研究対象をよく知っていて、互いに刺激しあってもいたので、企業の研究所の顧問をしていた教授がしばしば留守にしても、研究者として力をつけていった。

では、自分の行く研究室がE教授の研究室みたいかどうかを事前に知るには、どうしたらよいだろうか？　そう、研究室のスタッフを訪問して、いま何をしているかを尋ねてみるのだ。そして、彼らが自分のしている研究の全体像を説明できるか確認する。もし彼らが説明できなければ、別の指導教官をさがしたほうがいいだろう。

力のある研究者は大所帯の研究グループを率いていることが珍しくない。そういうグループには、たとえば一五とか二〇の実験系があり、それと同じくらいの数の大学院生が研究に携わっていることがある。彼らは、ある程度の期間をそこで過ごせば学位を取得できるよう保証されており、院生時代のわたしとは対照的に、極端に限定された課題に取り組む。彼らはデータをとり、その結果を報告し、学位を得る。まったく簡単なことだ。あなたもこうしたグループのスタッフになるべきじゃないか？　ここでもまた問題は、学生たちが研究の全体像を多少なりとも知っているか、ということになる。Aはロジウムを観察し、Bはルテニウム試料をもっている、Cはパラジウムを少々……。全体として何を研究しているのかを理解しているのは指導教官だけなのだ。だから結局、学生が面白い話をできなければ、その研究室は選ばないのが賢明である。

## 成功するポスドクになるために

ポスドクのポストを選ぶにあたっては、どんな考え方が合理的だろうか？　まず、自分が何に興味をもっているか、その興味が未来の雇い主のそれとはどう違っているかを知ることが、非常に重要だ。また、博士論文で積み重ねた成果は、ポスドク時代の指導教官にとっては特別重要なものではないことも認識すべきだろう。

あなたが博士論文で大きなブレークスルーを成し遂げた数少ない逸材であれば、きっと各方面から引っ張りだこになり、パーマネントのポストも難なく見つけられるはずだ。おそらくポスドク職に就くこともないだろう。あなたの主な関心は、続く数年のうちに、最初の大成功がまぐれではなかったと示すところに向けられるかもしれない。だがこうした状況について考えるのは、一部の若き「天才たち」には大切であっても、本章の想定読者である大多数の人たちにとってはあまり意味がない。

より日常的に見られるのは、あなたの博士論文がそれほど多くの反響を呼ばないというケースだ。その場合は、先ほどの心配をよそに、あなたはおそらくポスドクのポストをさがすことになる。

一般的に言って、雇い主はポスドク研究員を大きなリスクとは考えていない。大学院生とは違い、ポスドクはきちんと訓練を受けた研究者だと受け止めているからだ。つまり院生は、あれこれと研究上のコツを教えたり、教育のために多大な時間を割いたりする必要があるのに、プロジェクトに対する貢献度は低いか、あるいはマイナスでさえあると考えられているのに対し、ポスドクは、そこそこの技術をもっていて、手取り足取りの監督は必要ないと見なされているわけだ。

また標準的な雇い主にとって、ポスドクは安価な労働力である。たとえばわたしのいる研究所では、ポスドク職は最低限の福利厚生しか受けていない（そしてそれはここに限った話ではない）。医療保険は払っているが、年金にはノータッチ。有給休暇は年にわずか二週間で、給与に諸経費が上乗せされることもない。

ポスドクは、二～四年でいなくなる。役に立つ生産的な人であれば、文句なしにありがたいし、ポスドクとしての体験が立派なキャリアにつながれば、特筆すべき成功と見なされる。しかしこうした基準を満たさなかった場合でも、それはたんなる不運であって、異常とも破滅的とも思われない。ポスドクを雇うとは、つまり、研究所の備品を買うようなものだ。ポスドクはしばらくのあいだ機能し、研究結果を出すのに役立つが、やがて新しいモデルが登場すれば、それと入れ換えられてしまうのである。

雇い主の視点で見ると、ポスドク志願者の能力は以下の三点で判断できる。

1　自分の博士論文について優れた発表ができること——これができるなら、ポスドクとして参加した研究プロジェクトにおいても良き広報官になると考えられる。

2　博士号をとるのにかかった時間が長すぎないこと——ポスドクの任期である二、三年ほどのあいだに、いくつかの研究結果を出せると期待を抱かせる。

3 勤勉さ、知識、積極性、コミュニケーション能力——この人物を雇えば、より活力があり、生産的で、協調性のある研究グループになると思わせる。

ポスドクを目指す人が研究分野を変えたいと考えるのはよくあるケースで、それが問題になることはない。同様に、彼らの博士論文が新しい知識にとって大した貢献になっていない場合も、問題にはならない。なぜなら、ポスドクとはそもそも指導教官の研究計画を進めるために雇われているものだからだ。ポスドクの任期中に新たなブレークスルーを生み出したり、何か重要な発見をしたのなら、その人にはパーマネントのポストを用意すればよい。何の発見もなかったのなら、その人には消え去ってもらえばよく、大した損失にもならない——これが雇用する側の見方である。だとすれば、あなたの見方はどうあるべきだろうか?

ポスドク任期中にぜひやっておくべきことは三つある。ひとつ目は、自分が活躍したいと思う研究領域を決めること。二つ目は、価値のある研究プロジェクトを少なくともひとつは終わらせること。三つ目は、大学の助教（あるいは公的・民間研究機関の一般研究職）のポストを得るために、その界隈での知名度を十分に高めておくことだ。無駄遣いできる時間はほとんどない。ポスドクの任期は短く、研究をはじめていくらも経たないうちに、またポストさがしを再開する必要があるからだ。
いま述べた考え方からは、次のような方針が導き出せる。

1 自分が何を研究するのか明確に決まっていないポストは狙わない。着任と同時、あるいはその直後から、価値のある研究計画に着手しはじめるべきだからだ。

2 高度な技術を必要とし、なおかつその技術が現在進行形で発展している領域のポストは狙わない（そのような領域では、次のポストさがしに間に合うように研究結果を出せる可能性がとても低くなるからだ）。短期間の研究プロジェクトに少なくともひとつは参加するべきだ。

ポスドクから研究分野を変える場合は、前もって関連する文献を読んで勉強をはじめておきたいものだ。時計の針は新しい職場に着いたときから回りはじめる。大学院という住み慣れた場所で何をしていたかは、現実問題として、ほとんど考慮されない。

また一般的に、ポスドク時代の指導教官には、経験の浅い人物より、経歴の長い研究者を選んだほうが賢明である。理由は博士論文の場合と同じだ。実験装置をどちらが使うかとか、研究結果に対してどちらが貢献したかとかいった問題で、指導教官と争いたくはないだろう。研究室に実験装置がたったひとつしかない場合や、コンピュータを買うための予算が少ない場合に、自分が必要だというだけで、好きなだけそれらを使えると思うだろうか？　またテニュア審査まで六年を切っている指導教官（第6章参照）に、あなたが一年かそこらで出した業績の重要性を見いだす余裕があるだろうか？　論理的に考えてみれば、そうした可能性はほとんど存在しないとわかるはずだ。

以上を考慮すれば、超一流の助教や若手研究員を見つけたか、あるいは最低でも、指導教官になってほしい若手研究者が、あなたの必要としているものを理解し、融通を利かせることに同意していないかぎり、地位の確立した人物の下で研究をするほうがよいと言えるだろう。

**成功の二つの鍵**　その後なんとか無事にポスドク職に就いたなら、成功の鍵は次のとおりだ。

1　**ともかく何かを成し遂げること**

2　名前を知ってもらい、役に立つ人間として評価されること

ポスドクとして何よりも優先すべきなのは、将来のポストさがしのときに話ができるように、何らかの結果を出しておくことだ。どんな雇い主であっても、研究計画に手をつけただけで完

成させていない人物を雇いたいとは思わないものである。たとえあなたが一年半をかけて非常に有望な手法を開発中だったとしても、競争相手が、地味ではあるけれども新しい知識の萌芽となるような結果を出し、さらにそれを論文として出版していれば、ポスト争奪戦で遅れをとってしまうのは避けられない。

別に研究など適当に終わらせろと勧めているわけではない。そうではなく、なにも細部まで完璧じゃなくても興味深い研究結果は出版できるし、そのほうが望ましい場合さえあることを理解すべきだと言いたいのだ。まだ未解決の課題があるときでも、それ正直に明記しておけば出版は可能だし、比較的リスクも低い。それどころか、利点すらあるかもしれない——ポスト争奪戦では、たとえ根拠となる証拠がぎりぎりの説得力しかもっていなくても、自分の研究を魅力的に語れる者こそが、非常に緻密な努力はしたが論文は出版できなかった者に勝利を収めるのだから。

もちろん、細部に注意を払うのは重要だし、出版した論文が後になって誤りだとわかるのは望ましくない。それでもやはり、研究プロジェクトを**終わらせること**、そして語るべきストーリーを準備しておくことは必要不可欠なのである。常に時間を気にしなければならないポスドクであれば、完璧さへの欲望を犠牲にせざるを得ないときもあるだろう。また、ポストさがしを念頭にストーリーを準備するため、どこかに誤りがあったらどうしようと心配しながら暮らす時期もあるかもしれない。

こうした意見は、皮肉ではなく現実的なもので、研究者としてのキャリア全体を考えても、覚えておく価値がある。よく知られているように、高名な物理学者ヴォルフガング・パウリは、若い同僚の仕事に対して、「間違ってすらいない」という冷ややかな愚痴をこぼした。この言葉の意味について、もう一度よく考えてもらいたい。

**指導教官の奴隷になってはならない**　ポスドクの任期中、研究室にこもって仕事をしているだけでは、指導教官は気づいてくれたとしても、他の人たちはあなたの存在を知らないままだろう。仕事ぶりが上々であれば、指導教官がしっかりとした推薦状を一通書いてくれるかもしれない。だが、手に入るのはせいぜいそんなものだ。

博士課程時代の指導教官が顔の広い人物なら、あなたがポスドクとなってからも、ちゃんとした仕事を紹介してくれるかもしれない。だが大学院生としての業績は、それが並外れてすばらしいものでもないかぎり、のちの研究生活で重要視されることはない。それに、大学院時代の指導教官にポストを紹介してもらうとなれば、ポスドクとしての実績はどうだったのかと色眼鏡で見られてしまうこともありうる。したがって、無事ポストが見つかったとしても、その評判を振り払うために自分の実力を示さなくてはならず、重圧は他の研究者よりも大きくなるだろう。

だからポスドク研究員として本当にやっておくべきなのは、同じ職場で働く三、四人の研究者から敬意を勝ち得ておくことで、そうすれば、彼らは好意的な推薦状を書いてくれるだろう。あなたが理論家であれば、週に二、三時間は実験家と話をするようにしよう（実験家であれば理論家と話そう）。他の人たちのラボに押しかけ（あくまで行儀よく）、そこでどんな研究が進められているかを観察しよう。力になれる研究計画がないか気にかけるようにしよう。自分のラボの論文のプレプリント〔前刷り〕を手に入れよう。そしてそのプレプリントを読み、批評すべきところ、質問すべきところ、助言すべきところがあれば、それを知らせよう。ラボという場所は、相互に影響を与え合える人物を雇いたいし、推薦したいと例外なく思っているものなのだ。

もしあなたが生まれつき内気な性格なら、それは深刻な問題であり、克服したほうがいい。誰かに力を貸せば、その人から好意的な反応が返ってきて、自分も精神的に助けられるかもしれない。また、他の研究者に対する建設的な意見が、研究者としての自分のキャリアを後押しするかもしれない。そうした視点を意識してもつように心がけるといいだろう。

ともかく、ポスドク時代は一心不乱に仕事をすることだ。自分の力量を示すための時間は、ほんの少ししか与えられていない。ダラダラしていてはいけない。無駄に使える時間などないのだ。ポスドクとしての数年間は、あなたが研究者として生きていけるか否かを決める、とてもなく重要な時期なのである。

# 4　口頭発表を行う

旅行者「カーネギーホールには、どうやったらたどり着けますか？」
ニューヨークの通行人「ともかく練習しかないね」

求人の選考過程で重要なのは、審査を担当する専門家の大多数に、あなたを同僚として喜んで迎えたいと思ってもらうことだ。セミナーは、あなたが雇うに値する人物だというメッセージを伝えるには、最高の舞台である。これと同じことは、無事にポストを見つけたあなたが、それから一、二年後に自分の研究の進捗ぶりを報告する場合にも言える。

たしかに職場の同僚たちは、あなたのことをよく知っていて、非常に高く評価しているかもしれない。だが彼らの投票権は限られたものでしかない。研究者としての地位を保ち、さらには昇進するためには、応援してくれる人たちが必要だが、よいセミナーを開くことで、その基盤をより大きなものにできるだろう。

覚えておきたいのは、論文を読む時間が豊富にあるプロの研究者など、ほとんどいないということだ。だから、なにか新しい研究で面白いものはないかと思えば、学会に出席し、セミナーで話を聞いてみようということになる。もしそこで自分の研究結果をうまく伝えられれば、支持者もぐっと増えるだろうし、そうした支持者を得ることは、ジョブ・セキュリティを高めるための優れた戦略だと言える。

このように口頭発表は、研究者としてのキャリアを築き上げるうえで決定的な役割を担うので、準備をおろそかにするようなことがあってはならない。発表のうまい研究者を見て自分のセミナーにいかすのも、いい考えだ。

この章では、口頭発表の基本的な考え方をいくつか公開したいと思う。

## 研究者、舞台に立つ

口頭発表は演劇ではないとはいえ、共通した要素もある。つまり、あなたの発表を、出演者が一人の芝居と考えることもできるのだ。

聴衆たちは、あなたの話を聞くのに貴重な一時間を費やしている。何かを学びたがっているのはもちろんのこと、演劇を観にきた観客のように、起承転結のある面白い話も聞きたがっている。反対に彼らがしたくないのは、舌足らずな（もしくは間違った）説明を聞いたり、スライドにひどい誤字を見つけたり、終わりの時間が近いのに明らかにまだ話すことが大量に残っているのに気づいたりして、落ち着かない気持ちになることだ。

聴衆を失望させるのは命取りになりかねない。たしかに彼らは腐った卵やトマトを投げたりはしない。だが、あなたに見切りをつけるかもしれないし、本当は優れた研究者なのではないかなどとわざわざ考えたりもしないだろう。それも全部、あなたの芝居がまずかったせいだ。

## イントロダクション（導入部）

口頭発表の準備の際に肝に銘じておくべき原則は、**聴衆を決して過大評価してはいけない**ということである。セミナー会場では、立派なグレーのあごひげを生やした人物や、自分と同じ分野で論文をたくさん出版している人物の姿を目にすることがある。見るからに怖気をふるわせる存在だ。だがそんな彼らが望んでいるのは、たいていの場合、楽しめる発表にめぐり会いたいということだけなのだ。彼らは、あなたの研究領域のなかで何が大切なのかを教えてほしいと思っている。その大切なものが自分の研究にも関連するのであれば、なおさらだろう。一方で、すでに自分が知っていることが話されていても、それに異を唱えることはない——自分が何かを理解していると感じれば、誰だって悪い気はしないものだ。

口頭発表では、出だしの数十秒がその後の方向性を決め、第一印象もそこで決定してしまう。発表者にとって望ましい印象は次のとおりだ。

1　その分野についてよく知っているという印象
2　科学に対する好奇心をもっていて、心強い同僚になりそうだという印象
3　楽しんで研究をしているという印象
4　役に立つ興味深い情報を伝えようとしているという印象

まず話すべきなのは、口頭発表のテーマだ。そうでなければ、この研究はある論争の解決を目的にしているとか、なぜこの研究が重要かとか、有用な新データを入手可能にする斬新な技術を見つけたとか切り出すのでもいい。

何も考えずに、自分がやってきた実験や計算について、いきなり話しはじめたりしないこと。時間が許すかぎり、研究の背景をはっきりさせるようにしよう——自分が採用してきた斬新な技術、アイデア、ノウハウの概略を説明するのだ。そして可能ならば、その発表において最も重要な結論を、それとなく伝えておくようにしたい（たとえば、「こうした方法は、みなさんご存じのとおり、古くからある、しかしまだ未解決の、ファイベルマン氏の初期のすばらしい

論文にある予想を裏づけるものです」などと言って)。

それを終えれば、いよいよ各論に入れる。一時間の発表なら、研究の細部に立ち入るまでの前置きも長くしておくこと。大勢が集まる学会で一〇分だけ発表する場合は、イントロダクション(導入部)は一、二枚のスライドで十分かもしれない。

## 演出を考える

発表をするときの態度もまた重要だということをお忘れなく。とくに、自信があるように見せるのは大切だ。ほとんど聞き取れない声で話せば、内容に自信がないとか、実は理解していないのだと受け取られるかもしれないし、浮かない声で発表をすれば、自分自身の研究、あるいはひょっとしたら科学そのものに情熱をもっていないと思われるかもしれない。隙を見せてはいけない。研究者とは、厳密さを欠いた推論を見つけたら、それを追いかけ、こき下ろすように訓練されたテリアのようなものなのだから。

自信にあふれた発表は、内容を正当に評価してもらいやすい。だがそれが示せなければ、早い時点で執拗な質問責めにさらされ、発表を最後まで終わらせられないこともある。もしかしたら、聴衆が席を立って出て行く場面さえ目撃するかもしれない。その口頭発表が求人選考のためのものなら、かなり不安な気持ちになるだろう。

また、発表では時間を厳守すること。時間内に確実に話を終えられるように、あるいは、終了のベルが鳴る前に少なくとも主要なアイデアだけは伝えておけるように、発表の構成を考え、リハーサルをしておく必要がある。リハーサルをしていれば、自分がスライドを一枚説明するのにどれくらい時間がかかるのかが、すぐにわかるだろう。そうすれば、発表時間に応じて、準備すべきスライドの枚数の上限を簡単に割り出せる。わたしの場合で言えば、一〇分間で六枚か、せいぜい七枚のスライドが限度だ。これ以上多くなってしまうと説明がせわしなくなり、聴衆の理解度も低くなってしまう。情報が過剰に詰め込まれた話は、聴衆に「よくできた売り込み話」と受け取られても不思議ではない。言葉と身振りで圧倒することで、自分の研究の欠点を隠そうとしているのでは、と取られてしまうのだ。

発表をモジュラー式にしておくのもお薦めだ。言い換えれば、発表を予めいくつかのパッケージに分割しておき、たとえばイントロダクションの説明が終わったら、次にそれぞれ個別に完結している情報のパッケージを紹介していくのだ。こうしておけば、時間が足りないとわかったときでも、一言断って途中のパッケージを省略して、最後のサマリー（まとめ）を説明することができる。

## 聞き手の忍耐力を試さない

学生が口頭発表に関して最初に言われることのひとつに、「アウトラインを準備せよ」というものがあり、多くの場合、そのアウトラインのスライドから発表をはじめるべきだとも教えられる。だがこうしたスライドが、まったく馬鹿げているとは言わないまでも、時間の無駄になっているケースも、しばしば見受けられるようだ。

というわけでここでは、あなたにとって役に立つばかりでなく、わたしにとっても将来的にアウトラインのスライドに付き合う機会が減ることを願って、発表の構成についてじっくりと見ていくことにしたい。

ちょっと考えてみてほしい。あなたが最近読んだ小説や、観に行った舞台は、プロットのアウトラインの説明からはじまっていただろうか？　政治家に立候補した人が演説をするとき、その候補者はアウトラインを表にまとめているだろうか？　そんなことはないし、あなただって、原則的にはそうすべきではないのだ。

口頭発表のためには、たしかにアウトラインを考える必要がある。だがそれは自分のデスクで個人的にすべきであって、発表の場ではストーリーを伝えることに専念したほうがいい。口頭発表は有機的に構成されるもので、しかもその構成が目に見えてはならない。バッハのフーガを聴いて感じるのと同様の必然性をもって、聴衆をアイデアからアイデアへと導くようにすべきだろう。

ある大きな学会（たとえば米国物理学会）で、発表者にそれぞれ一〇分の発表時間と二分の質疑応答の時間が与えられたとする。この場合、わたしであれば六枚か七枚のスライドを使って発表をするだろう。そこでもし一枚目のスライドに「本発表のタイトル」や「以下は共同研究者の名前です。また、助成金を出してくれたエネルギー省に感謝いたします」という文字が見られたら、さらには、それに続く二枚目のスライドに「まずは簡潔にイントロダクションを述べます。次に実験装置について説明し、その後にX系での実験結果を紹介し、最後に結論を述べて終わります」と書かれていたら、いったい聴衆はどう思うだろうか。

今の例を大げさだと思う人もいるかもしれないが、それほどひどい誇張でもない。実のところ、こうしたスライドが告げているのは、「わたしには言うべきことがあまりない。なので、どうやって口頭発表のプランを練ったか、自分の友達は誰かという説明に発表の大半を費やして、何がわかったかという議論には時間をほとんど残さないようにしたい」ということだ。語るべき事柄がないなら、発表などしないほうがましだ。反対に、もし語ることを選んだのなら、自分のアイデアと研究結果を伝えるのに時間の大半を使わないのは、自分自身を不当に扱ったことになる。

人間がもっているすばらしい能力のひとつに、耳と目を使って異なる情報を同時に受け取る、

*Stimulative Properties of Elixir X*
I. M. Balding
「万能薬Xのはげまされる諸特性」I・M・ボールディング

SUPERVISOR:
Prof. A. Barber
指導教官　A・バーバー教授

ADDITIONAL HELP FROM FELLOW POSTDOCS:
Sam Son (dendrite growth)
D. Lila (cutting tools)
以下のポスドク研究員の方々にご協力いただいた
サム・ソン（樹状突起の成長）　D・リラ（切断ツール）

FUNDING:
Nat'l Hair Council
研究助成金　国立カミノケ振興会

というものがある。共著者としては告知されない共同研究者や、助成金を出してくれた機関があるなら、タイトルのスライドに謝辞を記せばよい（上図）。わざわざ名前を読み上げて、時間を浪費するなどもってのほかだ。いつの日か教授になり、教え子の世話をしたいと思ったのなら、そのときは彼らの名前と才覚に言及もできよう（通常は発表の最後に行う）。だが今のところ、あなたは売り込みをしている研究者の卵にすぎない。共同研究者に対する感謝は大切だが、やりすぎは禁物だ。

タイトルスライドがスクリーンに映されているあいだ、イントロダクションで伝えるべきなのは、これから紹介する研究のどこが面白いと思ったのか、同じ分野の研究者たちが興味をもつかもしれないのはなぜか、あるいは、どうして業界全体がその研究に注目する必要があるのか、といったことだ。

あなたが実際に話すことは、研究のテーマばかりでなく、聴衆の傾向にもかみ合っている必要がある。たとえば、専門家に向けた一〇分間の発表であれば、あまりに一般的だったり、過剰に導入的なコメントは当然省くべきだろう。反対に、あなたの話を聞いているのが、他の分野の専門家や学生であれば、十分に練ったイントロダクションが必要となる。

**スライドの注意点**

口頭発表の準備の際に、表現のテクニック的な側面に注意を払っておけば、「よいセミナー」が「すばらしいセミナー」になることもある。

固体物理学の実験家は、スライドに図表を加えるだけでは物足りず、実験装置の写真を載せることがよくある（神様、お助けください）。そうしたスライドに必然性があるケースもないではないが、多くの場合、たんなる時間の無駄に終わっているようだ。こうした場面に遭遇すると、わたしなどはすぐに「アイデアが聞きたいんだ！」と思ってしまう。

発表のボディ（本論）を検討しているときに、もう一度まっさらな気持ちでそのスライドを眺めてみよう。そうした実験装置の写真を紹介するもっともな理由がもしあれば（たとえば、新しい実験手法を解説できるとか）、それを見せる意味もあるだろう。だが、実験手法が特別なものではなく、実験装置の写真を示してわかることが、あなたのラボが空っぽじゃなくて、研究結果を捏造していないというだけなら、写真のことは忘れたほうがよい。端的で、得るところの多い発表を嫌う者はいない。意図的に、あるいは準備不足から発表を長引かせてはならない。

理論物理学の研究者は、方程式で埋め尽くされたスライドをつくりがちで（分子生物学者であればＤＮＡ配列で埋め尽くされたスライド）、経験の乏しい発表者にとくにその傾向が強い。だがこれはまずい考えであり、特別な場合、たとえば技術の向上を目的とした専門家向けの会議などを除いては勧められない。聴衆は、一時間たってもほんのちょっとの情報しか得られず、それが一〇分の発表であればなおさらである。技術的な詳細を記したスライドを使っての発表は、いま説明している問題は理解不能なほど複雑なのだから、重要なものに違いないと、聴衆を意図的に信じ込ませようとしていると受け取られがちだ。

こうした手段を使うのは、ノーベル賞をとってからでも遅くない。発表者がノーベル賞受賞者ともなれば、ちんぷんかんぷんな説明に思われようと、あやしげな口車に聞こえようと、聴衆が文句を言うことはまずないだろう。

ともかく、さしあたって今のあなたに必要なのは、発表を聞いている人を喜ばせることであって、殴って屈服させることではない。あなたが理論家なのであれば、聴衆のなかにいる実験家の立場になって考えてみるべきだ。いったいどうしたら、その実験家はあなたを雇いたいと思うだろうか？　先のようなスライドを用いた場合でも、実験家があなたの有利になるように行動する可能性もないわけじゃない。たとえば同僚の一人が、あなたの説明した方程式が重要だとその実験家に伝えるケースもないとは言えないからだ。

だが、それよりももっと確実なことがある。その実験家は、自分と話ができる人を好むだろうということだ。実験家と意思疎通をはかりたいのであれば、伝えるべきは自分の計算の詳細ではなく、基本的な考え方、おおまかな数字、結果、予測だ。この点について、もう一度よく考えてみてほしい。上付き文字や下付き文字で雑然と埋められたスライドは、もう投げ捨ててしまおう。

## テクノロジーの落とし穴

ここでノートパソコンを使った口頭発表について二、三述べておくのもいいだろう。細部まで整えられたカラフルなスライドを見たときに、わたしの頭に最初に浮かぶのは、「この発表者は、どう見ても他にやることがないんだろうな」という考えだ。なるほど、近年のテクノロジーによって、プロっぽく見える発表を準備するのは比較的簡単になったかもしれない。だからといって、スライドの伝える内容よりも見栄えのほうが大切だと考えているという印象を、聴衆に与えることがあってはならない。

あなたが準備しているのが、素人集団（たとえば、企業の重役とか陸軍大将とか）向けの発表であれば、資料の見かけもとことん洒落たものにしたらよかろう。だが同業者たる研究者に対してなら、「プロっぽい」見かけは、ほどほどにしておくべきだ。彼らの多くがどんな車に乗っているかを思い出してほしい。購入してからすでにけっこうな年月が経過した古い車で、しかも彼らはその車を愛している。そして、彼らをおんぼろ車に乗せ続ける、その裏返しの貴族主義《スノビズム》は、あなたのスライドをどう思うかについても、きっと影響を与えることだろう。

ここで急いで言い添えておくが、わたしはなにもスライドなんかは適当でいいと言っているわけではない。一般的には、スライドには一、二点の図、イラスト、そして簡単な文章を入れておくべきだろう。スライドを機関銃のように次々と見せるのは、お薦めできない。聴衆のあくびを誘発する危険があるからだ。

アニメーション効果もほどほどにしたい。スクリーン上を縦横無尽に飛び回る文字を見せられても当惑するばかりだし、それに加えて別のリスクもある。たとえば、言い忘れてしまったことを説明しようと前のスライドに戻ったとすると、あなたの文字は再び飛び回り、聴衆の失笑を買うかもしれない。同様の無駄骨として、書体や文字色に気を遣いすぎることも挙げられる。多くの書体や色を使うと、見ている人の目に大きな負担がかかるのだ。したがって、スライドには十分な余白を残すよう心がけるべきだろう。そうすれば、聴衆はリラックスして発表を聞きやすくなる。

また、スライドでは大きなサイズの文字を使うこと。これには二つの利点がある。ひとつは、いつでも気づかれずに逃げ出せるよう会場後方のドア付近にすわっている人たちにも読めるようにしておけば、発表を聞いていこうという気にさせられるかもしれないこと。もうひとつは、文字を大きくすることで、スライドに載せる情報量に上限を与えられることだ。多くを望みすぎてはいけないのである。

ここであなたは、ではどのくらいの文字の大きさなら十分なのかと疑問に思うかもしれない。それを判断するには、ノートパソコンとプロジェクターを会場にもっていき、実際に後ろの方からスライドを見てみればよい。文字が読めるだろうか？　また、そのときには配色にも注意しよう。色のコントラストは十分か。白地に薄い青では読みづらいので、文字は黒くしたほうがいい。

## サマリー（まとめ）

本章が、口頭発表についての口頭発表という構成になっていることに、そろそろお気づきかもしれない。ではここで、この章で扱った主なアイデアを振り返ってみよう。

1　セミナーとは出し物《パフォーマンス》だ。慎重に計画を立て、とことんリハーサルをする必要がある。

2　自信をもって登壇しよう。自分の研究を楽しんでいて、その結果に興奮しているかのように振る舞うこと。

3　聴衆を尊重しよう。聴衆はあなたの話を聞くために一時間を費やす。たとえ発表の内容が自分の専門分野ではなかったとしても、あなたの言葉を理解したいと考えているのであって、よくできた売り込み話に騙されるのを望んでいるのではない。また彼らは、自分の専門ではない分野で、専門家として扱われたいとも思っていない。

4　無駄話で時間を浪費してはならない。それぞれのスライドがストーリーを前に進めるものであるかどうかを確認すること。発表が少し短くなってしまったとしても、それに対して異を唱える者は誰もいないだろう。

5　視覚素材は見ていて楽しいものにすること。ただし、あまり凝ったものでもいけない。

発表は以上です。ご清聴ありがとうございました。

＊口頭発表についてさらに知りたい読者には以下の文献をお薦めする。

・Garland, J. C. "Advice to Beginning Physics Speakers." *Physics Today* 44, 42 (1991).
・Booth, Vernon. *Writing a Scientific Paper and Speaking at Scientific Meetings*. 2nd ed. New York: Cambridge University Press, 1993.（旧版はボーズ『科学英語論文の書き方および科学会議の講演』（松森徳衛訳　現代工学社　１９８５）として刊行）
・Alley, Michael. *The Craft of Scientific Presentations: Critical Steps to Succeed and Critical Errors to Avoid*. New York: Springer-Verlag, 2003.

## 5　論文を書く

「出版か、死か」（publish or perish）という決まり文句に感じる否定的なイメージは、実のところ見当外れのものだ。というのも、論文の出版は研究において最も重要な過程であり、広く認められているように、研究へ向けられた努力は、論文として書き上げられることで初めて結実するものだからだ。推論を紙に書き記す行為は、考えを洗練させ、論拠の欠陥を明らかにするばかりでなく、もしかしたら、当初考えていたよりも大きな意義を研究に見いだす契機にさえなる場合がある。

論文の出版はまた、戦略的に見ても重要だ。研究者の道を歩みはじめたばかりの若手は、安い賃金で長い時間働くものだし、ジョブ・セキュリティだって安定からはほど遠い。こういった状況を抜け出すためには、自分の才能を広く知らしめ、多くの人に高く評価される必要があるが、出版はそれを実現するための主要な手段となる。

論文は世界中に公開され、あなたの研究の成果を伝えるだけでなく、履歴書の役割も果たす。説得力があり、思慮に富み、巧みに書かれた論文は、いつまでもあなたを宣伝し続けてくれるのだ。手抜きの履歴書が役に立たないのは誰でも想像がつくと思うが、いいかげんな論文を時期尚早に出版するのは、それよりずっと悪い影響を及ぼす。なぜなら、そうして出版した論文もまた、いつまでも誰もが読める状態におかれ続けるからである。

これらのことを考えてみると、本章で取り組むべき二つの根本的な問題が浮かび上がってくる。ひとつは、いつ論文を書くべきかという問題。そしてもうひとつは、どうやって書くべきかという問題である。

## 短い論文を数多く書こう

一般的な傾向として、競争相手が先に発表してしまうのではないかと心配したり、細かいが重要な部分への考察が足りない場合、拙速な論文が書かれがちだ。一方、間違ったことを書いているのではという恐怖や、ライターズ・ブロック〔アイデアが浮かばず文章が書けなくなってしまう状態〕がある場合は、論文を予定どおりの期間で書き上げるのが難しくなる。

こうした心配や恐怖を感じる心の弱さは、すべての研究者が克服すべきものだ。そしてまた、そんなネガティブな感情を抱くのが自分だけではないと知っておけば、実際にそのような気分になったときに、きっと役に立つことだろう（カール・ジェラッシの『カンター教授のジレンマ』を読んでみよう。この小説では、いつ、どんな論文を出版するかという問題が見事に描かれている）。

研究計画を立てるときに、それを比較的短い、完結したプロジェクトが複数集まったものとして企画するのは、しっかりとした出版スケジュールを実現するうえで非常に有用だ（第9章を参照）。出版スケジュールがしっかりとしていれば、研究の先取権、自己宣伝、ひいてはジョブ・セキュリティといったものにも好影響を与えるだろう。

長い期間を必要とする大がかりな研究目標に取り組んでいる場合でも、その途上で携わるそれぞれのプロジェクトを独立した研究成果として報告すれば、新しい知識の萌芽となるような結果を生み出せるはずだ（わたしたちはこれを冗談で「パブロン」呼んでいる。パブリケーションの量子というわけ）[*]。そうして書いた論文のイントロダクション（序論）では、報告すべ

*「パブロン」という考えは、大学院生のM・J・ウェーバー（現在はヴァージニア大学）と、M・エックハルト（現在はソーク研究所）の発案。

き成果を（あなたが権利を主張する）大きな研究目標との関わりという文脈で説明し、今回の成果によって、どのように目標に近づけるかを述べよう。もし、そのプロジェクトがあなたの望みどおりに意義があると認めてもらえれば、続けていくつかの論文を発表したあとに、レビュー論文の執筆依頼が間違いなくやってくる。そうなれば、ふさわしい発表の場が与えられ、完全版の長い論文を書くことができるだろう。そしてその論文は様々に引用され、あなたの名前を科学界で一躍有名にする助けになる。

　研究結果を複数の完結した短い論文としてまとめることには、多くの利点がある。研究機関の責任者や資金提供機関の職員は、自分たちが賢い方法で人材を雇い、お金を使っていることを示す具体的な証拠を欲しがるものだ。その点、能力を雄弁に表す論文リスト以上に彼らにとって役立つものはない。

　もちろん、長い時間がかかる研究目標であっても、それを最終的に達成できれば彼らは喜ぶだろう。しかしながら、助成金の期間はふつう二年か三年であり（第8章参照）、任期付きの研究職の入れ替えも同様の間隔で行われる。学部長、主任研究員、契約部門の責任者《コントラクト・マネージャー》は、あなたの長年の夢が実現するのを待つことはできない。そこで彼らには、あなたの研究が継続的に進展しているという証拠、すなわち出版された論文が必要となる。

　比較的短い論文を数多く書くことで、あなたは自分の名前に常にスポットライトを当て続けられるだろう。新しい論文のタイトル、アブストラクト（概要）、著者名は、ネット上のデータベースで見ることができ、そうしたデータベースは多くの場合毎週更新されている。アーカイヴ（arXiv.org）やネイチャー・プレシーディングス（precedings.nature.com）といったプレプリントサーバに投稿した論文も、グーグル・スカラー（scholar.google.com）、Eプリント・ネットワーク（www.osti.gov/eprints）、サイラス〔サービス終了〕などの検索エンジンを使えば、簡単に見つけられる。また論文の数が多い方が、少ない場合よりも、引用される可能性はずっと高くなる。

こうした科学界の現状を逆手にとってはいけない。たとえば、似たような内容の論文を繰り返し提出してリストを水増しし、自分の名前を広く知ってもらおうとしても、そうした努力は称賛ではなく軽蔑しか招かない。だからといって、大傑作の論文を一本だけ書いてちょっとした称賛を得ようという戦略も、それがジョブ・セキュリティに及ぼすかもしれないリスクを考えれば、実行する価値がないのは明らかだ。

論文を頻繁に出版すれば、出し抜かれる危険は低くなる。だが反対に、研究結果の公表をためらっていれば、他の研究者に先を越されて打ちのめされる可能性が高くなる。その研究が重要なものならなおさらだ。だから、あなたは判断力を磨き、論文を書き上げられるほどの研究結果が出るのがいつ頃かを見極める必要がある。

論理を裏づける重要な証拠の一部が明らかに欠けている論文を投稿することは、査読者との終わりのない、苦痛に満ちたやりとりを生じさせる恐れがある。したがって、まだ発表は控えるべきだろう（理由はいろいろとあるが、査読者はあなたのライバルである可能性が高いのもそのひとつだ。あなたの不完全な論文がどんな立場をとっているかによって、彼らの論文出版に対する戦略も変わってくるかもしれない）。逆にあなたがすでにプロジェクトを終わらせている場合は、ジャーナルに投稿するのが早いほど、業績が認められる可能性も高くなる。

ひとつの新しい着想あるいは研究結果を扱った論文は、長く込み入ったものよりも、はるかに書きやすい。これはまた、ライターズ・ブロックの問題に対処するための合理的な戦略でもある。短い論文のイントロダクションは、長期間の研究プロジェクトを企画した時点で準備できるだろう（少なくとも頭の中で考えておくことはできるはずだ）。また、扱う題材がそれほど多くなければ、論文の構成はよりシンプルになり、結論を説明するのも比較的簡単になる。

一般的に、査読者になるのは忙しい人たちなので、短い論文を読みたがる。したがって論文を投稿する人も、長いものよりも短い論文のほうで、より思慮に富んだ肯定的なコメントを受け取る傾向がある。短い論文は査読者にとって好ましいだけではない。そうした論文は、科学界全般にとっても、読みやすく、意見を汲み取りやすい。

研究によって得られた新しい知識の萌芽を、それぞれ論文として書き上げるのは、完璧主義の人にとっても何らかの魅力をもっていることだろう。というのも、小規模なプロジェクトに携わっているときは、大がかりで複雑な研究の成果を出版するときよりも、すべてのことに対して余裕をもって適切に対処できるからだ。

もちろん、研究プロジェクトの重要な成果は、最終的には細かいところまですべてジャーナルに投稿する必要がある。それによって他の研究者たちが、新しく生まれた科学の妥当性を確認し、再現できるだろう。こうした技術的な論文を書くのは重要な訓練となるし、もしうまく書ければ、同僚の信頼も得られる。また都合のよいことに、たいていの場合、こうした論文はリラックスした気分で書き上げることができる。

## 新聞をまねる

ジャーナル論文では、研究結果を丁寧に、できるだけ完全な形で説明しなくてはならない。だが、正確に記述しただけの論文は、たとえその研究が重要だったとしても誰の注意も引かず、結果として、評判を高めることもない。注目を集めるためには、読みやすくて、記憶に残りやすい論文を書く技術を身につける必要があり、それができれば、研究者として生き残るチャンスも増すだろう。

研究論文を書いている人にとって、新聞記事の構成はよい手本となる。新聞の読者は、あなたの研究室の同僚と同じく、新しい情報を手に入れるのにたっぷりと時間をかけられない場合が多い。だからこそ新聞記事では、徐々に細部を付け加えながら、何度も同じストーリーを繰り返し提示するのだ。

新聞記事の見出しは論文のタイトルに相当し、何が重要なのかを簡明に表すことで、読者の目を引きつけている。情報が氾濫する世界で遅れをとるまいとする研究者たちも、多くの場合、自分の専門分野の有名ジャーナルの目次をざっと読むか、ネットでキーワード検索を行う以上のことをしない。したがって、そうした人たちを自分の論文に誘導するには、的確で注意を引き、簡潔ながらも重要なキーワードを含んだタイトルを時間をかけて考えるのが役に立つだろう。原則として、気取ったタイトルは避けたほうがよい。

論文のアブストラクト（概要）は、新聞記事の第一段落に相当し、どんな重要な結果が出たか、その結果を得るためにどんな手法を使ったかなどの、主要な情報をまとめている。多くのジャーナルがアブストラクトに字数制限を設けているが、それがあってもなくても、そうした制限を自分でかけておくことは悪くない考えだ。というのも、簡にして要を得たアブストラクトは読まれる可能性も高くなるが、反対に、イントロダクションや本論のように長ったらしく書かれたものは、読者に敬遠されてしまうからだ。

アブストラクトもまた、タイトルと同じように、論文そのものよりも広く出回ることは、覚えておく価値があるだろう。アブストラクトは、ネットでジャーナルの内容を検索すると先頭に出てくるもので、全文を閲覧するには購読料がかかる場合でも無料で読めることが多い。よく練られたアブストラクトは、読者を素通りさせずに、全文をダウンロードさせたり、コピーを求めるメールを送るように促す要因になるかもしれない。

イントロダクションは、研究のストーリーを伝える箇所である。重要な図を一点、あるいは鍵となる計算結果をいくつか添えて説明をすることもあるが、あまり細かいところまで触れてはならない。そこで説明すべきなのは、その研究プロジェクトがなぜ重要なのか、得られた結果によって従来の理解がどのように変わるのかといったことだ。研究者は多忙である。イントロダクションと結論だけを読んで、技術的な細部については後回しにしてしまうことも多い。だとすれば、いちばん重要な図を配置するなどして、イントロダクションで研究結果を強調しておくのもひとつの手だろう。たとえ、本論を端から端まで時間をかけて読み進めることはなくても、イントロダクションに示された情報を十分に評価し、次の学会であなたの発表を聞き逃さないようにしようと考える読者もいるかもしれない。

イントロダクションを書くのが一番難しいとは、大多数の人が証言するところだ。自分の研究の手順を説明し、得られたデータを報告するのは簡単。だが、読者を引き込むのは難しいことなのだ。この問題に対し、わたしが考えた解決策は次のようなものだ――**イントロダクションの最初の段落は、研究を終えたときではなく、はじめるときに考えておこう。**研究に着手したということは、それが重要であり、広い関心につながる疑問に答えられると最初に考えていたはずだ。そのプロジェクトにやってみるだけの魅力があると思った理由を言えるのなら、それだけでもうイントロダクションに取り入れるべき要素の半分が手に入ったことになる。残りの半分は、重要な研究結果を要約したものにするとよい。

論文を書こうと思い立つのは、一般的に言って、新しい知識の萌芽を見つけたと思えたときだ。わたしの場合、イントロダクションでは、この論文で紹介している新しい情報がどんなものかをかいつまんで説明し、それがどうして読むに値するのかを読者に知らせようと思っている。わたしはワープロの前にすわり、しばらく会話を交わしていない友人の研究者に電話をかけたところを想像してみる。友人はわたしに、最近何をしているのかと尋ねるだろう。それに対する想像上の返答をワープロに打ち込むのだ。もし、この作業を行っているときにライターズ・ブロックが忍び寄ってきたのを感じたなら、ボイスレコーダーを片手に、実際に友人に電話をしてみるといい。きっと役に立つだろう。

ついでながら、自分がなぜその研究を行ったのか、その研究結果を面白くしているのは何かといったことを理解している場合は、空虚な決まり文句、たとえば、「近年、○○が再び注目を集めはじめている」(○○はどんなトピックでもよい)なんていう文言から論文をはじめる理由はまったくなくなる。実際わたしは、こうした決まり文句を見るたびにイライラしてしまうのだ。

また、もしあなたが他人が興味をもっているというだけで、ひとつのプロジェクトに何ヶ月も取り組んでいるならば、問題の選び方についてもっと学ぶべきだろう(これに関しては第9章でいくつかヒントを述べている。たとえば、そうしたプロジェクトに手を出してはならない、ただ漫然と次の給料日を待ってはいけない、といったことだ)。研究をはじめる前には、なぜそれが重要かを理解しておく必要がある。そのテーマで論文を書くときに、イントロダクションで説明しておくべきなのは、まさにそのことなのである。

イントロダクションを書くときは、本論と同様に、研究の位置づけをはっきりとさせるのが不可欠だ。そのためには、たんに何をどうやって行ったかを説明するだけなく、関連する文献を引用する必要があるだろう。後者はとくに重要だ。というのも、そうすることによって読者があなたの研究領域を理解しやすくなるばかりか、自分の業績を認めてほしいと考えている同じ領域の研究者の望みも満たすからだ(彼らがそう考えるのは、たんなる虚栄心からではない。研究者のキャリアは、その研究結果が重要だとか、有用だとか認められることで築かれるものなのである)。

競争相手の論文をこまめに引用しても失うものはほとんどないが、反対に得るものは多い。わたしは先に、多くの研究者が論文のイントロダクションと結論しか読んでいないと述べた。だが、タイトルとアブストラクトに目を通したら、次は参考文献リストに飛んで、自分の論文が引用されているかを確かめる研究者も、それに劣らずよく見られるのだ。もし引用されてしかるべき論文がリストになければ、将来友人になる可能性のあった研究者を失う危険があるし、少なくとも尊敬の念を抱かれることはないだろう。

ここで言い添えるなら、自分の専門分野の動向に通じておくには、折に触れて、誰が自分の論文を引用しているかを確認するとよい。ウェブ・オブ・サイエンス（Web of Science™）などの学術文献データベース上で使える「引用索引」を利用すれば、そうした作業が楽にできる。もちろん、同じことは他の研究者も行っているかもしれない。それゆえ、彼らの論文を引用しそこなうと自分の論文も気づかれにくくなることは、心に留めておく必要があるだろう。

投稿前に論文を見直しているときには、論理構成に必要なのに、やり残したままの問題はないかと、絶えず自問すべきだ。あなたが考え、利用した論拠で、文字にされていないものはないだろうか？　論理のつながりに欠けた部分があるせいで、あなたの推論は力強さのない、弱腰なものになっていないだろうか？　もしそうなのであれば、もう少し研究の時間をとるか、あるいは、どんな推測をして、実際には何が証明されたのかについて今一度曇りのない目で見直してから、論文を書き進める必要がある。査読者が欠陥に気づかなかった場合でも、論文として公表されてしまえば、長いあいだ多くの人の目に触れることを忘れてはならない。そう考えると、知に対して誠実であるのは優れたポリシーだとわかる。

誤解してほしくないのだが、わたしはなにも、プロジェクトが終わり出版の準備が整ったと宣言することに心地よさすら感じない完璧主義者になれと求めているわけではない。自分の推論の弱点と思える点は、論文上できちんと白状すべきだと言っているのだ。それは今後の研究の道筋を示すことにつながり、その意味において、あなたの研究分野に対する一種の奉仕となるだろう。そうすることによって、思慮深く率直な人間だと世間に認められるのである。また、あなたの推論が間違っているとのちに判明したときでも、最初にそれを指摘しておけば、逃げ道をふさがれることもない。

本論の形式は、投稿先のジャーナルが規定している場合が多い。しかしながら、もちろんその規定には従うとしても、大切なのは文章をストーリーのように読ませることだ。研究の技術的な側面に関する細かい議論であれば、付録に回してしまうのもいいだろう。そうしておけば、専門家や関係者は議論を網羅的に理解できる一方で、それ以外の人たちは、次のアイデアが出てくるまでどれくらいページを飛ばせばいいか思い悩む必要もなくなるはずだ。

ジャーナル論文の役割とは、たんに自分の研究結果がどれほどすばらしいかを提示するだけでなく、コミュニケーションにあることを忘れないでほしい。論文は、原則として、興味をもった読者が研究結果を再現できる程度に十分な情報を提供していなくてはならない。したがって、必要な情報を論文に確実に盛り込むようにする義務がある。だがそれと同時に、できるだけ読みやすい歯切れのよい論文にすることも、執筆者の責任である。

## たっぷりと書き、容赦なく削る

はるか古代の話になるが、三〇年前の論文では、あたかも自分以外の人物が実験をしたかのような書き方をするのが普通だった。たとえば、一人称は「I」ではなく「we」を用いるように言われ、ひどい場合には「one」のときもあった。ジャーナルは、論文を受身形で書くよう推奨しているみたいだった。「わたしは以下の新規手法を用いてデータを取得した」ではなく、「データは以下の新規手法を用いて取得された」とするわけだ。近年になると、こうした見かけばかりのスタイルも下火になり、いま報告している研究を実際に行ったのは自分だと明言できるようになった。わたしとしては、こちらの率直な書き方のほうがずっと好ましいし、あなたにもそれを使うよう勧めたい。

数学寄りの論文を書く人たちは、文章をつなげる際に、now/ then/ thus/ however/

therefore/ whence/ hence といった単語をよく使う。こうした表現は博識ぶりたい人は歓迎するかもしれないが、それ以外の人にも読んでほしいのであれば、あまりむやみに使うべきではないだろう。論文の第一稿を見直して、論理構成を損なわない程度に、こうした接続詞をいくつ取り除けるか挑戦してみるとよい。

高性能コンピュータと多機能グラフィックソフトが当たり前となったこの時代にあっては、イメージを喚起する図表を論文に入れないという選択肢はほとんど考えられない。図表は千の単語より価値をもつ場合がある――とくに、その千の単語が読まれていない場合には。ただしそれも、読者が理解できるように図表が周到に準備されたときの話であり、あまりにまとまりのない図表ではいけない。それが見るに堪えないものであれば、何千の単語とともに無視されてしまうかもしれないのである。

投稿先のジャーナルによっては、論文の長さが制限される場合もある。こうしたケースでは、第一稿を読み直し、それをよりコンパクトなものへと書き換えるのが普通だ。第一稿を書いているときは、文字数が多くなっても気にしないほうがいい。研究に関連するもので心に浮かんできたことは、すべて書き留めておこう。これは簡単にできることではないかもしれないが、あらゆる論理を論文に漏らさず組み込む助けとなる（言葉を出し惜しみする傾向があるのなら、ここでもボイスレコーダーが役に立つ）。

すでに長大な文章を書いてしまっている場合は、文字数を削る作業はより難しくなるだろうが、重要な論点が抜けていて脈絡のない論文になる危険性は低くなる。わたしがお薦めしたいのは、論文の長さがジャーナルによって制限されていようがいまいが、まずは思う存分たっぷりと書き、それから容赦なく削っていくという手法だ。可能なかぎり簡潔に書き直す作業は、わかりやすい文章を生み、ひいてはより多くの人に読まれるようになるだろう。

口頭発表と同様、論文の締めでは、研究結果の概要だけでなく、それが将来の研究に対してどのような影響を与えるのかについて、なんらかの考えを記しておくべきだ。この結論部分の目的は、あなたの論文によって自分の研究計画はどう変わるだろうと、読者に考えさせることにある。すぐれた研究とは新しい扉を開くものなのだ。

## 査読者

最後に査読について触れておこう。いったんジャーナルの査読者と議論になってしまえば、解決するまでに数ヶ月かかるケースもあり、その場合は大きなストレスを受けることになる。それを未然に防ぐには、ジャーナルに投稿する前に、自分の原稿を身近な同僚（一人か二人）に読んでもらうのがいい。するどい同僚に読んでもらえれば、数ヶ月ではなく、数日のうちに自分の論文の弱点が見つかるかもしれない。

英語のネイティブではなく、なおかつ英文ジャーナルに向けて論文を書いているのなら、英語をほぼ完全に操れる同僚に原稿を読んでもらい、添削してもらうのは、もっとずっと大切になる。論文の読者は、ジャーナルの査読者も含め、ごく普通の人間なのであり、したがって忍耐力にも限界がある。読むのに無駄な労力をかけさせないようにすれば、あなたの努力に対する彼らの反応もその分だけよいものになっていくはずだ。

ついでながら、これまで数多くの論文の査読をしてきた身から言わせてもらえば、書き方がうまく、説得力があり、得るものの多い原稿は、そうじゃない原稿に比べて、格段に嬉しいものだ。楽しく読める論文は、著者に対する好感度を上げるのである。

次に出会う査読者が、これまでの誰よりも、あなたの論文を注意深く読む読者になるかもしれない。また、その査読者があなたの未来の雇い主になる可能性だってあるのだから、好印象を与えようとするのは、まったく悪い考えではない。

査読者が論文に大きな不満を述べた場合はどうするか？　そんなときに怒りをぶつけるのは生産的な対応とは言えない。それよりも、その思慮深い専門家があなたの主張に賛同しないのはなぜか、その理由を考えてみることだ。熟考したうえで、それでも自分の研究結果は正しく、査読者のほうが勘違いをしているだけだという結論に至ったのなら、少し時間をかけて文章を書き直してみてはどうか。そうすれば、査読者はその論文が出版に値するものだと考え直すかもしれないし、無事ジャーナルに掲載されてからも、一般読者があなたの主張を誤解して受け取る可能性が低くなるはずだ。

＊論文執筆についてさらに知りたい読者には以下の文献をお薦めする。

・Carter, Sylvester P. *Writing for Your Peers: The Primary Journal Paper.* New York: Praeger, 1987.

・Alley, Michael. *The Craft of Scientific Writing.* 3rd ed. New York: Springer Science and Business Media, 1996.

・Booth, Vernon. *Communicating in Science: Writing a Scientific Paper and Speaking at Scientific Meetings.* 2nd ed. New York: Cambridge University Press, 1993.（旧版はボーズ『科学英語論文の書き方および科学会議の講演』（松森徳衛訳　現代工学社　１９８５）として刊行）

# 6　キャリア選択を考える

あなたが科学者として目指しているのは、小躍りするような発見をして、同業者たち（そして、もしかしたら世間一般の人たち）の世界観を変えること、ひいては人々の生活を向上させることだ。しかし、ここで思い出してもらう必要がある――知識の境界線を押し広げているあいだも、あなたは人間であり、つまりは人間的な欲望をもち続けるのだ。

研究で自分が果たす役割に対して、どんなにロマンチックな考えをもっていたとしても、十分な給与がもらえる安定した仕事がなければ、幸福とは思えないだろう。研究目標を達成し、業績を認めてもらうには、一人の力だけではおぼつかない。定期的に家族の顔が見たいと思うかもしれないし、研究以外のことをする自由な時間も欲しくなるかもしれない。

こうした基本的な欲望を満たせない環境に自分を閉じ込めるのは、まったく簡単なことだ。

だがその状況は、あなたの生産性、家庭生活、人生を楽しむ力に悪影響を及ぼすかもしれない。だとすれば、各種の研究職（大学、公的研究機関、民間研究機関（企業内の研究所））の利点と欠点だけでなく、パーマネントのポストに就くまでにたどる様々な道筋のメリットについても、前もって合理的に考えておく必要がある。

もちろん、選り好みができるほどの経済的余裕がない人もいるだろう。だが、もし幸運にも複数の選択肢があるのなら、先ほど述べたような問題を考えておけば、多大なストレスを未然に防ぐことができる。またそうした視点は、あなたの経済状況を健全なものにしてくれるかもしれないし、結婚生活を救ってくれるかもしれない。告白するなら、わたしは密かな望みを心に抱いていている――もし本書の読者のうち、十分な数の人々が合理的に行動するようになれば、この業界で幅をきかせているシステムもまた自然と合理的になるんじゃないか、と。

自分の人格形成期に出会った人をロールモデルとして採用するのは、ごく自然な話だ。だからこそ多くの学生（おそらくあなた方の大半）が、アカデミックの世界でのキャリアを夢見ながら大学院を巣立っていくのだろう。大学で働くことが理想的な場合もたしかにある。だが実のところ、多くの人にとって物事はそんなに単純ではない。また、たとえ大学教授になるのが正しいゴールだったとしても、大学という組織内の階段を上ってそこを目指すのが最善の方法なのかは、必ずしも自明とは言いがたい。この問題に対するわたしの提言と、そう考えるに至った背景を次の節で紹介しよう。

## 大学で働くことの長所と短所

大学は象牙の塔であり独自の価値観をもっているとは、よく言われることだ。そうした大学の独立性はテニュア制度にとくによく現れているが、そもそもテニュアとは、社会的少数意見を表明する際に受ける政治的圧力から大学教員を守るために考案されたものだった。テニュアの取得は何にもまして望ましく、また経済的に見ても大きな利益がある。

絶対に解雇されない職に就くのを望まない者がいるだろうか。テニュアを取得した教授は、最低限の要求を満たし（毎学期講義を受けもつなど）、最低限の倫理的規範を守っていれば（教え子との色恋沙汰は冷たい目で見られることがある）、大学が深刻な財政難に見舞われて、所属する学科を完全に廃止してしまわないかぎり、給与は保証され続ける。実のところ、大学はテニュアの経済的な重要性を認識して久しい。教授が解雇対象になった場合、彼らの給与はそのリスクの分だけ間違いなく高くなるはずだからだ。

テニュアは財政的に自立した職位であり、そこから必然的にいくつかの利益が得られる。たとえば、大学教授は研究テーマや共同研究者を自分で選ぶし、この研究をすべきだとか、あの人と共同研究を行うべきだとか指図する上司もいない。原則として、研究のペースも本人次第だ。だからもし、実績のある教授が意欲的かつ精力的であり、さらには学生やポスドクの一群を率いているのなら、一年に一〇本以上の論文を出版してもおかしくはない。学者タイプの教授であれば、論文数はもっと少なく、研究助成金も学生の数も大したことはないかもしれない。学部長、学科長が文句を言う可能性もあるが、それでも、その学者教授は給与をもらい続けるだろう。

こうした利益はたしかに独特のものだが、アカデミック・ポストに備わる唯一の魅力というわけではない。たとえば教授は、大金を払って自分の話を聞きに来る学生からの敬意にとどまらず、社会からの敬意も期待できる。

また概して、教授がコンサルタントとして企業に出向き（一週間に一度など）、そこで得た報酬を給与の足しにするのも自由だ。個人企業を設立し、自分の研究成果を発展させたものを商品として売り、自らの利益としている理工系の教授も多い。さもなくば、大学の勤務時間とお金を使って教科書を書き、印税は自分が受け取ることもある。

加えて、大学の講義は年間九ヶ月しかないので、残りの三ヶ月はとても長い休みになるか、最悪でも講義なしの出勤ですむ。サバティカル〔長期研究休暇〕も、普通は大学との契約に含まれていて、教授たちは数年おきに大学を遠く離れ、しばしば刺激的な土地で、半年から一年ものあいだ過ごすのを楽しみにできる。彼らはそこで自分たちの知的バッテリーを再充電し、新しい分野について学んだり、本を書いたりなど、基本的にしたいことをする——しかも、そのあいだも給与がもらえるのだ！

こうしたすごい利点があるのを知れば、多くの教授が仕事の負担が大きいと不満を抱き、多くの研究者が自分は大学教員でなくてよかったと思っている現状に、あなたは驚くかもしれない。象牙の塔の住人になることの不利益とは、いったい何なのだろうか？

最も多くの人が抱く不満は、研究室に顔を出す暇もなく、以前はとても楽しみにしていた研究活動を行う時間がほとんどもてない、というものだろう。教授には処理すべき業務が無数にあり、それらを終わらせるために一心不乱に働かなくてはならない。そのため研究そのものに関しては、たいていの場合、他人の手を借りることになる。現場で実際に作業をしているのは学生やポスドクである。控えめに言っても、教授には自分のために使える時間はほとんどないのだ。

パーマネント・ポストに就いたのだからもう何もしなくていいのだとシニカルに考えているテニュアは、ありがたいことにほとんどいない（とはいえ、「役立たず」の教授は十分すぎるほどいて、まだテニュアを取得していない助教たちを苦々しい気持ちにさせている）。わたしが知っている教授たちは、一日八時間以上働くし、契約上はもっと長くとれるにもかかわらず、長期休暇も年に一～二週間しかとっていない。

教授職とは、事実上、複数の仕事をひとつにまとめたものだ。まず第一に、教育者でなくてはならない。講義ノートが古びて黄ばんでいたなんて話もよく耳にするとはいえ、人にものを教えるということを真剣に考えるなら、時代に即した、得るところの多い、首尾一貫した授業にするために、かなりの労力が必要になる。それに加えて、宿題一式と試験、有意義な実験室実習を用意する必要もあるし、オフィス・アワーは学生と過ごさなければならない。

教授はまた、良き組織人であることも求められる。具体的には、数々の会議に出席して方針を決めたり、雇用や昇進について議論をする必要がある。意欲的な教授であれば、多くの時間をマネージャーとしての仕事に費やすだろう。その場合は、プロポーザルを書いたり、助成金管理の担当者に会うためにワシントンまで足を運んだり、ラボのスペースを確保したり、院生やポスドクを受け入れたり首にしたり等々を行う。

科学コミュニティに積極的に貢献する必要もあるかもしれない。論文の査読やプロポーザルの審査、他の研究機関での講演、各種会議への出席は、時間をどんどん吸い取っていく。企業でコンサルティングをしたり、教科書を執筆しているのなら、それに輪をかけて時間がなくなっていくはずだ。こうした状況を見れば、教授には、小説を読む暇も子供と遊ぶ時間もほとんどないことが難なく理解できるだろう。

多くを要求される仕事では、意気消沈させられる機会も多くなる。たとえば経済情勢が厳しいご時世には、プロポーザルの新規採択や延長はされにくくなり、研究助成金がとれなければ、院生やポスドクに賃金を払うわけにはいかない。そんなときに自分の時間を使って研究ができないとなると、研究プロジェクトは頓挫してしまうだろう。その結果、生産性は低下し、それがまた将来の助成金獲得をさらに困難にする。こうした負の連鎖は是が非でも避けなければならない。

研究助成金が底をつけば、（研究生活を続けられるかはとりあえず置いといて）収入の範囲内でやりくりをしようと必死になる。一般的に、大学の給与は学期中のみを対象に支払われるので、外部の資金を獲得していなければ、九ヶ月分しかもらえないことになる。それでは、特別余裕があるとは言えないだろう（これについての大学の考えはこうだ――大幅な収入増になるポストでもないかぎり、教授が今の閑職を手放すことはない。だが、助成金をとれないような教授にそんなオファーをする団体は少ないはずだ）。

それゆえ、大学との契約には「夏期給与《サマーサラリー》」が含まれているのが一般的だ。つまりほとんどの大学は、給与の二ヶ月分にあたる金額を助成金から受け取ることを認めているのである。したがって、助成金の獲得は自分自身の財政にとっても非常に大切だ。見事獲得できれば年収は二割増し以上になるが、反対にとれなかった場合は、どうしてこんなに真面目に働いているのかと疑問に思うようになるだろう。

学生との交流は大きな喜びである一方で、多大なストレスになることも少なくない。まず、しつこい学生たちに教員として対処しなければならない。彼らは、なぜこんな悪い成績をつけたのかと言っては食い下がり、渡された資料が理解できないと言っては援助を求めてくる。また、試験でカンニングをする学生や、自分の成績以外は興味のない医学部進学《プレメッド》組にも対応する必要がある。

研究の助けとなるのは一部の院生だけだ。その他の者は、実験装置を壊し、試料を汚染し、コンピュータプログラムにバグを持ち込むだろう。またポスドクのうち何人かは、一、二年もがいた挙げ句、自分にはポストを得る実力がないと気に病み（とくに本書を読んでいない者は！）、教授の指導に対して公然と不平をまくしたてる。

先ほども述べたように、大学では教授に自由が与えられており、それは大きな利点だ。だが自分自身の自由は好ましくても、同僚の自由も利点になるのだろうか？ 学科によっては様々な研究グループが互いに意見交換をするところもあるが、こうした環境は教員全員に保証されたものとは言いがたい。というのも、実質的に大学にはマネジメントが存在せず、教授たちはそれぞれ独立して仕事をする傾向があるからだ。協力したところで、とくに報酬はないのである。この状況は、公的あるいは民間研究機関とはまったく異なっている——そうした機関では職務記述書に「同僚である専門家の研究推進に資すること」などと明記されているのだ。

**助教のリスク**　ここまでくどくどと欠点を述べたにもかかわらず、あなたがまだテニュアを取得して教授になりたいと思っているのなら、次に取りかかるべき問題は、いかにしてその地位にたどりつくかになる。一番わかりやすいのは、下からはじめて徐々に上りつめていく、つまり助教からスタートして昇進していくことだ。だがこのルートは、可能なかぎり避けたほうがいい。心からそう思う。

助教として働くとは、テニュアの大学教員が享受しているメリットをほとんど手にすることなく、デメリットの大部分を引き受けるということだ。たとえば、あなたは講義を受けもたなければならないが、先輩たちとは違い、前年まで使ってきた講義ノートの束をもっているわけではない。したがって一からはじめることになり、一時間の授業のために何時間もかけて集中して準備をする必要がある。これと同じことは宿題や試験問題を考える際にも言える。

こうした講義を行う義務《ティーチングデューティー》はテニュア取得に必要なものだが、研究を重要視する大学にいるのなら、それだけではまったく物足りない。まず間違いなく、研究助成金をもってこられる能力があるか否かで、あなたの評価は決まってしまうはずだ。だから、生き残るためには助成金を獲得する必要があり、それに加えて「出版か、死か」の世界では、死を避けるために論文も出版しなくてはならない。これが意味するのは、あなたはプロポーザルの書き方のコツを学ぶと同時に、研究成果を上げようと尽力し、是が非でもいくらかの結果を出す必要があるということだ。

助教の給与は、准教授や教授と同様、勤続年数が反映されるだけでなく（あなたの場合は反映するものがないわけだが）、外部から資金をもってこられたか否かにも影響を受ける。駆け出しの助教は、まだ大して成功していないのだから、その給与も悲惨なほど低いものにならざるを得ない。もしあなたが名門だと評判の有名私大で助教のポストを得た有望株なら、給与はさらにひどくなる。こうした大学は、履歴書に鼻高々にアピールできる大学名を書けるものなら、応募者は給料が少々安くてもオファーを受け入れるはずだと考えているふしがある。また テニュアの取得率を極端に低く設定しているケースも見られるが、それもまた、ジョブ・セキュリティを犠牲にしてでもその大学の肩書きを得たいと考える人が多いと踏んでいるからなのだ（その推測はおそらく正しい）。

嬉しくないことに、教授の高くない賃金がテニュア取得の代償だったとしても、助教の場合は、そうした安定した身分の保証もないままに、低賃金で働くよう期待されている。米国大学教授協会（ＡＡＵＰ）は、そうした搾取からあなたを守ろうと、七年たってもテニュアを取得できていない助教は解雇すべしという方針を打ち出している。そして、大部分の大学は忠実にそれを守っているため、皮肉な話ではあるが、あなたの利益を代表すると称する労働団体のおかげで、昇進していない助教は仕事を失う羽目になるのだ！

助教の仕事にはいろいろな喜びがある。学生に教えたり、反対に教えられたりするのは楽しいものだし、大学という環境もそれ自体が刺激にあふれている。どんな民間研究機関と比べてみても、より幅広い関心をもった様々な人たちが間違いなくいるし、また、世間からの敬意も受けられる。

だがその一方で、助教として働くことのコストはべらぼうに高い。拘束時間は長いし、給与は安いし、将来のポストも確約されていないからだ。勉強をして博士号をとり、それから数年間ポスドクとして過ごしていれば、もう三〇歳前後にはなっているはずだ。結婚をした人だっているだろう。エンジニアを目指したり、ビジネススクールに進んだりしたかつての仲間たちは、それぞれの業界で成功して立派な給料をもらい、自分の自由になる時間も手にしている。彼らの稼ぎの半分にしかならない給与のために、五、六年すればテニュアを取得できるかもしれないと夢見ながら、あなたは一日一六時間も働きたいと思うだろうか？

この質問にあなたたちの多くが「ノー」と答えるなら、助教の労働環境は改善されていくだろう。だが、それは今すぐ起きることではない。だからわたしは、それまでは公的・民間研究機関のポストを見つけるよう勧めたい。そうした場所では、助教に比べてずっと少ない労苦で評判を確立でき、次に説明するように、アカデミック・ポストをまだ望んでいるのであれば、すでに手にしたその評判を利用して、大学の上級職からスタートできるのだ。

## 公的研究機関と民間研究機関

公的研究機関または民間研究機関で研究者として働くことには大きな欠点がいくつかあるが、それでも大学に比べて多くの利点がある。

まずマイナス面を見るなら、ジョブ・セキュリティは大学教授と比較してたしかに劣っている。一部の国立研究所にもテニュアの研究職は存在するが、そうしたポストの大半は大学を経由してオファーされるものだ。また当然のことながら、民間の研究機関では様々な理由で解雇される可能性があり、それは公的機関でも変わらない。

テニュアが取得できるなら、それは間違いなく魅力的な利点だ。しかしながら、研究者の地位を本当に守ってくれるのは、世界各地にいる同業者たちに名を知られ、認められることだという点を忘れてはならない。発表した研究結果が称賛され、いたるところの研究者仲間に利用されているのであれば、恐れることはほとんどない。職場を変えないといけないときがいつの日か来るかもしれないが、仕事がなくなる心配をする必要はないのだ。そしてまた公的・民間研究機関は、職務経歴書に書き加えられる実績を比較的簡単に得られるような環境を提供してくれる。要するに、あなたが有能な人物であれば、テニュアを取得できる職場か否かというのは比較的小さな問題となるのだ（ついでに言うならば、あなたを雇ったマネージャーが自分の間違いを認めたがらない場合は、その研究機関でさらなる（もしかしたら憂鬱な）ジョブ・セキュリティを手に入れられるだろう。大学のシステムのように、昇進しなければ六、七年後には解雇するという決まりはないのだから）。

公的あるいは民間の研究機関で働く最大の利点とは、職務記述書、つまり職務内容が比較的シンプルなものになることだ。そこで求められるのは、研究者として主導的な立場に立つこと、雇い主が重要だと考えている科学分野の知識を向上させること、同僚たちにとって役に立つ人材になることである。また今の社会を考えるなら、研究助成金獲得のサポートを指示される場合もあるだろう。

こうした職場で働く研究者の主な使命は、株主や納税者の将来の利益となるような研究結果を生み出すことなので、所属機関はあなたに必要な機材を与えようとするだろう（もちろん予算内ではあるが）。もしあなたの研究の優先度が高ければ、機材も最高の機能を備えた最新型になるかもしれない。たとえば、大学で働く同業者が一台のワークステーションを購入するために長ったらしい稟議書を書いている一方で、あなたの研究機関では、最新版にアップグレードされたテラフロップレベルの処理速度を有する超並列プロセッサをなんとか扱えるように奮闘している——だいたいどういうことかおわかりだろう。

先に述べたように、大学以外の研究機関では職務内容はシンプルなものになるので、とんでもなく長い時間働かずとも、期待に沿う成果を出すことができる。たしかに専門家として、長時間労働になることも時にはある。たとえば、胸の躍るような結果が出そうな時期とか、論文提出の締め切りが近づいている場合なんかがそうだ。しかしながらあなたは、必要ではあるがそれだけでは研究者として生き残るのに十分ではない仕事（講義を受けもったり、先の試験でなぜDをつけたのかを学生に説明したりといった仕事）のために、自分の時間の半分を費やしているわけではない。つまり、小説を読んだり、パートナーが夕食をつくるのを手伝ったり、子供の学芸会を見に行ったり、サッカーのコーチをやる時間さえもてるのだ。同僚のなかに歴史家やロシア文学の専門家、ファゴットを教える教授はいないだろうから、文化的な生活を充実させようと思えば、大学で働く同業者よりも努力が必要かもしれない。だがその一方で、職場以外の友人たちと過ごす時間を大学の同業者よりも多くもてるだろう。

公的・民間研究機関は「管理された」環境、つまりマネージャーなどの責任者によって監督された職場である。そういうわけで、ここで少しマネージャーがいる環境の否定的側面についても考えてみることにしよう。

その前にまず利点を挙げるなら、マネージャーたちは研究所を監督し、それをよりよい形で機能させる権限をもっていること、そして、彼らが賃金を得ているのは、あなたであれば見て見ぬふりをするような退屈な事務仕事をやるためだということだ。

公的・民間研究機関でなされる年に一度の昇給は、年次が上がったからというよりは、実績を上げられたか否かにかかっている。こうした能力給を判定するための年次業績評価に、恣意性と主観性が含まれるのは避けられないことだ。とは言うものの、あなたの研究が認められ特別な賞をとったか、同僚たちと協力ができているか、研究補助員たちにきちんと仕事をさせているか、といった点を所属団体が考慮に入れているという事実は、こうした研究機関の雰囲気を、大学のそれとまったく異質のものにしている。

自分の態度や実績が給与に影響を与えると知っている被雇用者たちは、お互いにより真剣に連携するようになる。こうした研究機関には、論文のコピーを用意したり、データベースで文献を検索してくれる司書や、プログラムをより洗練されたものにしたり、新しいシステムを学ぶのを支援してくれるコンピュータ関連の研究補助員がいるだろう（彼らはそうすることでキャリアを積んでいくのだ）。また、あなたが取り組んでいるやっかいな研究課題に違った視点からアプローチをする研究者たちも見つかるだろう。複数の人たちが集まって互いに顔を合わせ、新しい結果を共有して、次になすべき実験を考え出すのである。大学では、同僚たちとのこういった協力作業はまれだ。

マネージャーなどの管理者側によって、あなたの生活が快適ではなく、不快なものになってしまう場合も多い。たとえば、営利を目的とする民間の機関、あるいは公的機関で働いていると、会社や議会が求めていた優先順位がふいに変わり、研究者にそのしわ寄せがくることがある。会社の経営悪化やワシントン政府の政策変更によって、研究計画を練り直したり、もっとひどい場合には計画を中断せざるを得ないケースもある。また、インターネットでオンライン授業をしろだとか、知的財産や実験の安全性に気を配れだとか、はては研究室に置くべき消火器の種類まで指示されるなど、とにかくあらゆる種類の絶え間ない注文によって、研究の進捗が妨げられることもあるかもしれない。

さらに高圧的なマネージャーであれば、こんなことを言い出すかもしれない――君自身の考えよりも、我々が入手した最新の（そしてしばしば思いつきの）アイデアを研究するほうが君にとって大切じゃないか、と。こうした意見は、あなたの研究に必要な機材の購入許可を出さないという形で強調される場合もある。

マネージャーたちはまた、あなたの論文や特許出願書類に自分の名前を載せるように主張するかもしれない。あるいは反対に、あなたの研究分野についてほとんど知らないので、過剰なまでに頻繁にレポートを提出させることで、その知識不足を補おうとするかもしれない。立身出世を求めてビジネススクールに入ったようなマネージャーなら、新しい実験装置を導入するとか、銀行口座に振り込む金額を上げるとかいう形でやる気を出させる代わりに、最新のバズワード*やビジネス理論をしつこく口にして、あなたを困らせるかもしれない。マネージャーは、あなたを解雇するかどうか、招待論文を依頼するかどうか、給与の額をどうするかを決める権限をもっている。もし、そうした人物と馬が合わなければ、苦しみをたっぷりと味わうことになるだろう。

だが言うまでもなく、管理された環境で働いているからといって、過度の圧制に耐えなければならないわけではない。一般的に、所属する団体が大所帯になるほど自由の幅は広くなり、状況も改善しやすい。大きな研究機関なら、たとえ今の上司とうまくいかなくても、他の研究グループに異動して、より理解のある上司と、あなたの能力を歓迎してくれる同僚たちと働く

＊最近では、「エンパワメント（empowerment）」とか「型にはまらないで考える（thinking outside the box）」とかいったものがそうだ。「エンパワメント」とは、個人が自分の力を十全に発揮できるようにすることだが、多くの人は、聞いていたよりなんだか迷惑な話だと考えている。「型にはまらないで考える」とは言うが、決してリスクを冒さず、どんな場合も「箱の外」で考えているマネージャーが、言われたとおりにやれと技術スタッフに命じるケースをどれほど多く見てきただろうか。リスクの高い「型にはまらない」プロジェクトが何の成果も生まないとわかったとき、それによって誰が苦しむとお思いだろうか？

ことができるのだ。またもちろん、あなたの評価が高まれば、マネージャーは新しいアイデアを求めてくるようになり、その一方で、研究方針に口を挟む機会は少なくなっていくだろう。ある意味、これは管理された環境における報奨制度のひとつだと言える。第一線で活躍する研究者として信用を高めていけば、より大きな自由が手に入り、自分がやりたい研究を続けられる。研究者にとって、これこそが本当のインセンティブなのだ。

ところで、研究に対するマネージャーたちの提案がいつも悪い結果をもたらすわけではない。システィーナ礼拝堂の天井画を描くようミケランジェロに依頼したのは教皇だった。ミケランジェロが自ら「ローマ芸術協会」に計画書を提出したのではないのだ。はじめから特定の用途を求めて進められる研究は、軽視される場合も多い。だが、たとえばノーベル賞を獲得したトランジスタの発明のように、実際に社会に存在するニーズを満たそうという願望が、非常に大切な基礎科学につながった事例は確かにあるし、それによって世界が変わってきたのも事実だ。したがって、上司が提案した研究のアイデアは、思慮深く、ケースバイケースで判断してよいし、またそうすべきなのである。

公的・民間研究機関で働くのは、自分の名を上げて教員として大学に戻るためだと考えている者は、その機関の方針やプロジェクト内でのポジションが、自分の計画と合致しているかを慎重に見極めるべきだ。志望している研究グループが、その企業にとっては大切であっても、基礎科学としての重要性がほとんどない分野に取り組んでいるのなら、数年後に大学のポストを争うときに有力候補と見なされることはまずないだろう。見当違いの会議に出席することになり、論文がアカデミックの世界で読まれることもなくなるのだ。さらにまた、自分が出した研究結果が専有情報として取り扱われる場合（すなわち企業の利益を守るために出版されない場合）、あるいは「社外秘」とされて外部に漏れない場合も、多くの同業者に比べて、業績を認めてもらうのが難しくなる。そうなってしまえば、大学でのテニュアのポストを巡って競う際、たとえあなたの研究のほうが優れていたとしても、ライバルの研究者たちがずっと有利に駒を進めてしまうはずだ。

　ここまで紹介してきた管理者側にまつわる問題を別にすれば、公的・民間機関で研究をする人にとって最大の障害になりうるのは、サポートしてくれる人員が足りないことだろう。潤沢な予算を手にした大学の教授なら、プロジェクトの成果をより早く出すために、学生やポスドク研究員からなる部隊の協力を仰げる。一方、公的・民間機関の場合は、技術員が　人、それに臨時雇いのポスドクが一人つけば運がいいほうだ（わたしが集めた情報によると、物理系の研究を行う企業では問題となるこうした点も、バイオテクノロジー産業ではほとんど問題にならないようだ）。大学の研究グループと共同研究をするなどして、こうした人員不足を埋め合わせることはたしかに可能だ。とはいえ、そのような機会は自分から積極的に求めなければ手に入らないし、求めたとしても離れた場所にいれば実現は難しい。ひとつの問題にいろいろな角度から一斉に取りかかりたいと考えていても、公的・民間研究機関であれば、同僚たちを説得して助けを借りないかぎり、その思いは実現できないだろう。

## 給与を比較する

研究者としてどの職場で働くかを考えるときは、給与体系を比較してみたくなるのが人情というものだろう。この点において、大学とそれ以外の研究機関には劇的な違いが見られる。具体的に言うならば、公的・民間研究機関の給与分布は、上層中流階級《アッパーミドルクラス》あたりにピークがくる幅の狭いベル型曲線で表されるが、大学の教授職の場合、そのヒストグラムはずっと幅広いものになるのだ*。大学の給与分布は、産業界よりも低い額からはじまり、中央値も低い。だがその一方で、大学の上級職のインセンティブ報酬は、公的機関や民間よりも格段に高くなっている。もし教授として巨額の研究助成金を獲得できれば、大学にとって非常に価値のある存在となり、その当然の帰結として、多額の報酬を手にすることだろう。

ちなみに物理学科では、最も高い給与と最も低い給与には三～四倍、あるいはそれ以上の開きがあるようだ。民間の研究機関では二倍までいかないことが多い。加えて大学では、企業のコンサルティングをしたり、大学での時間を使って教科書を執筆したりして、収入の足しにもできる。

以上のように、経済面での優先度を考えても、研究面で検討したときと同じキャリア選択に落ち着く。新米研究者のときは公的・民間機関のほうが給与が高く、またそうした機関が支払う能力給の昇給額は、大学の同業者よりも多くの収入を保証してくれる。この状況は、あなたが「上席研究員」といういくぶん定義が曖昧な立場にたどり着くまで続くが、その後もさらに給与を上げたければ、マネージャーなどの管理職に就くほかないだろう（自分自身に報酬を与えるのは、管理職の得意技のひとつだ）。

もしあなたが、高い給与をもらいながら研究も続けたいというのなら、一番いいのは正教授になることだ。公的あるいは民間の研究機関で一日八時間働いて、研究者として際立った評判を確立した人物であれば、契約関係にも鼻がきくだろうし、助成金もかなりもってこられるだろう。そうなれば、高い給与や、数多くの学生やポスドクをはじめ、大学が提供できるかぎり

＊州立大学の給与は公表されていることが多く、大学図書館で行けば閲覧できるが、インターネットでも見ることができる。例を挙げれば、「学部　給与　キャバリア」とネットで検索をすれば、大学新聞の「ザ・キャバリア・デイリー」が記録していた、シャーロッツヴィルのヴァージニア大学の教職員とその給与のリストが見つかるはずだ。ちなみに二〇〇八年のリストでは、生物学、化学、物理学における給与の高低の開きは約六倍だった。

のすばらしい環境を手に入れられるはずだ。

もちろん、経済的な問題や家族の都合など、そのときの状況によっては、自分にとっての最善の道を選べない場合もあるだろう。だがそれでも、あなたには少なくとも次のことを望みたい――研究者としてどのようなキャリアを歩んでいくのか、なぜそうするのか、という点について、明確な考えをもってポストさがしに取り組んでほしいのである。

## 7　面接を受ける

採用面接を受ける際には、自分に何が期待されているかを前もって考えておくと、成功の確率もずっと高くなる。実際、面接官がどんな点を見ているのか、どんな話をすれば彼らの神経を逆なでするのかといったことにまったく無頓着なせいで、驚くほど多くの人が面接で失敗をしている。志望しているのがパーマネントではなくポスドクのポストなら、要求される水準もだいぶ緩やかになる。だが、見られている点は基本的に変わらない——この人物は自発的に行動するタイプか、それとも常に指示を待っている横着者か？　リーダー型だろうかフォロワー型だろうか？　同僚の仕事に興味をもつだろうか、それともオフィスに鍵をかけて決して姿を見せないのだろうか？　研究に対する好奇心をもっているだろうか、それとも研究所をただの就職先のひとつと考えているのだろうか？　横着者、フォロワー、コミュニケーションがとれない者は、一般的に言って、面接に来てもしょうがない。
採用面接に向けて万全の準備をしておきたいのなら、学校の試験と同じように、どんな質問をされるかと考え、それらの答えを予め用意しておくといい。面接で尋ねられる質問で一番重要なのは、「もしここで働くことになったら、何をしますか？」という類のものだ。これに対する答えは、履歴書をまとめているときに考えるのがいいだろう。そうすれば、面接の準備で有利なスタートが切れるだけでなく、履歴書そのものにも自分が企画している研究について説得力のある説明を加えられることになり、まず面接にたどりつくのにも役立つ。

**ディレッタントはお断り**

一般論だが、聡明であることは（たとえ非常に聡明だったとしても）採用の十分条件ではない。先日わたしは、面接官の一人として、ある若者の採用面接に立ち会った。成績がよく、アメリカの一流の大学院からこれ以上ないほどの立派な推薦状をもらっていた若者だ。もちろん、推薦状が常に信用できるわけではない。というのも、推薦状を頼まれる教授としては、自分の学生の採用実績がある機関の場合、次にそこを受ける学生が先輩より劣るとは言いたくないので、時間が経つにつれ称賛の言葉がインフレーションを起こす傾向があるからだ。しかしそれにもかかわらず、今回の場合はよく知っている教授からの推薦だったので、わたしたち面接官はみな大いに期待をしていた。

ふたを開けてみれば、その若者Vには優れた分析能力があることがわかった。ジョブ・セミナーでの本人の説明によると、Vが開発したのは、広く使われてはいるが、説得力のある解釈が難しい実験手法から、偏りのない形で有益な情報を抽出できるようにする数学ツールだった。Vは理論家だったが実験系の研究室に所属しており、得られたデータの意味を見つける難しさに気がついていた。そして、その難しさを取り除くという重要な貢献をした。このようにしてVは立派な推薦を受け、また自分がそれに値することを示したのである。

だがセミナーでの口頭発表が終わると、Vのマイナス面も見えてきた。聴衆の一人が、いくつかの実例を挙げながら、Vの新しいツールはもっとずっと幅の広い実験に応用できるはずだ、と言った。しかしVは、それが自分の成果を有効活用するチャンスだと気づかなかったようだ。つまり、他の研究者にとって有用な存在になるだけでなく、自分の研究結果をもっと広く知ってもらう機会だと思わなかったのだ。さらに悪いことには、彼はその聴衆のアイデアが気に入らないようだった。

その後の面接でVは、ある特定分野の専門家だという固定観念をもたれたくないのだと説明した。もし今回の成果を使って名を売ってしまえば、後になって他の分野で仕事をする自由を失うと考えていたのである。Vは、自分はいろんな研究領域に貢献できる潜在能力をもっているので、たったひとつの領域に長いあいだ注力するのは危険だと思い込んでおり、その思い込みに凝り固まっているように見えた。

面接官たちは、このVの態度を、彼が現在そして未来にわたってディレッタント、つまりたんなる研究愛好家でありたいと望んでいるというメッセージとして受け取った。Vはまた、もしポスドク研究員として雇われるのなら、自分は特定のプロジェクトのために働きたくないし、特定のグループに所属したいとすら思わないとも語った。おそらく彼は、着任後一、二ヶ月は研究室の内外を観察して、取り組むべき「面白そうな」ものを物色したかったのだろう。Vは、自分は「ジェネラリスト」なのだと言っていた。そして、第一線で新しい知を生み出そうと試みて自分で間違いを犯すよりも、他人の過ちを分析するほうが好きだと述べた。わたしはVに尋ねてみたかった——いったい君は、わたしたちの研究室で、先の成功と同様の仕事を一生続けられるほど多くの、自分の実験データの意味がわからなくて困っている実験家を見つけられると思っているのかい、と。

その頭脳、輝かしい学歴、実際の貢献にもかかわらず、Vの面接は失敗に終わった。彼を雇ってパーマネントのポストに据えるのは、たしかに危険すぎただろう。Vはあまりにも未熟に見えた。

パーマネントに限らず、ポスドクとして働くVですら、想像すると心配になった。任期が終わる二年後、彼は取り組みたいと思えるほど「面白そうな」ものを見つけられているだろうか？　そのとき彼は、パーマネントのポストを手に入れているのだろうか、それとも職を失うまいと悪戦苦闘しているのだろうか？

## 面接官の気持ちを考えよう

採用面接を雇い主側の視点から理解するのは大切なことだ。あなたの雇い主は、おそらくそれほど頻繁には研究職を募集していないだろう。また一般的に、スタッフの数もそれほど多くはなく、もし研究所がいくつかの部門に分かれているのなら、あなたといっしょに働くスタッフの数はもっと少なくなるはずだ。つまり、あなたを雇い入れるのは、大きなリスクを伴う行為なのである。

立ち上げ資金は限られている。ラボやオフィスのスペースを確保するのも困難だ。そんな状況のなかで、あなたがもし方向性ももたず、対話もできず、非生産的な人物であったのなら、研究所にとっては時間と資源の大いなる無駄と言うほかないだろう。パーセントで考えてみよう。たとえば、あなたが一〇人いるスタッフの一人であり、まったくの役立たずだったとすれば、その部門はどんなによくても九〇％の生産性しかもてない。あるいはまた、良い結果を出していないという理由であなたが解雇されるまで、たった三年しかかからなかったとしよう。三年という年月は一般的なキャリアの一〇％ほどにあたるが、そうした馬鹿にならない労働時間を刺激的な人物と過ごしていれば、同僚たちの生産性がもっと上がったことに気づくべきだろう。

このように人を雇うことが大ばくちと受け取られているのを見れば、面接官たちが大きな保証を求めるのも無理はないとわかる。貴重なスペースを占領して研究費を吸い尽くすだけじゃなく、その部門をもっと魅力的な存在へと変えてくれるという保証だ。したがって、面接で自分の研究の方向性を説明できなかったり、今後二、三年のうちにどんな研究をしたいと考えているのかを、その理由とともに明確に述べられないのは、完全に命取りとなる。

「職場が求めることならなんでも」したいと思っているとか、あるいはVがそうだったように、明確な方向性をもたず、研究所でなにか「面白そうな」ものを見つけたいなどとは、間違っても口にしてはならない。たしかに協調性は大切だ。だが、自分のなかに方向を指し示すコンパスをもっていなければ、そもそも話にもならない。

同じ職場の研究者たちは、新しい同僚から何かを学びとりたいと思っている。もしあなたがたんなる労働力になろうとしているのなら、もっと給与が低く、リスクもずっと低い技術員を雇うだろう。また、もしあなたが研究室やオフィスの椅子にじっと腰かけてインスピレーションが湧くのを待つタイプだと感づかれてしまえば、しっかり働く人たちが数多く応募している状況では、ポストを勝ち取ることは当然できないだろう。

応募するのがポスドクのポストで、専門家のしっかりした指導の下で働くと予想される場合でも、自分が個人的に興味をもっている研究や、知に対する熱い思いを伝えることは変わらず重要だ。研究所は、今のポスドクの任期が切れれば、次のポスドクを雇う。もしその研究所のポスドクの働きぶりがよく、そこを出た後に一流の研究機関でパーマネントのポストに就いたという噂が立ったとすれば、それを聞きつけた優秀な博士号取得者たちが、ポスドク職を得ようと、その研究所に応募してくるだろう。反対に、もし二年たっても大した成果を上げられず、その後もよいポストを見つけられなかった場合、大学の指導教官たちはきっと、その研究所ではポスドクに適切な指導をしていないと考え、優秀な学生に別の機関を薦めることだろう。このように、研究所はあなたの成功に対して生々しいほどの利害関係をもっている。研究所の将来の問題にかかわるからだ。

二年のポスドク期間中に重要な論文を一、二本出版したのなら、本当の貢献と見なされるだろう。また、研究所のスタッフと建設的な関係を結んだのなら、その職場でパーマネントのポストを得る、またとないチャンスとなるだろう。とは言うものの、研究所側の視点で考えるなら、ポスドクに求められる主な使命とは、短い任期が終わるときにタイミングよく、いいポストに就くことであり、そのためには何でもすることだ。したがって、それが実現できると信用させることが、ポスドクの面接では重要になる。

研究上の目標を説明できるように準備してから面接に臨むべきだと言っても、自分の心のコンパスが指している方向が、雇い主側のそれと完全に直交している場合は、理想的な同僚と見なされる可能性は低い。しかしこの問題については、ネットサーフィンにいくらか時間を費やし、応募した研究所のメンバーの研究対象や実績を頭に詰め込むことで、解決できる可能性がある。出版してきた論文を見れば経歴がわかるのは、あなたの場合も、あなたを面接をする研究者の場合も変わらない。したがって、彼らの論文を調べて、何が重要と考えているかを理解したなら、それに応じて自分の研究目標の説明を調整することができるだろう。こうした「宿題」をするときは、自分の研究上の興味が、志望する研究所の興味とどう重なるかの説明を考え、その考えを洗練していくようにすべきである（合理的な説明が思いつかない場合は、おそらく間違った場所に応募しようとしているのだ）。

ついでながら、大学教員を目指して面接を受けているのなら、どのような科目を教えたいか、教えられるかと尋ねられることがある。その答えに窮してしまえば、学科での職務を果たす意思がないと見なされるかもしれない。だがこれも、前もって「宿題」をしておくことで対応できるはずだ。

あなたが個人面接を終え、家路につく。後日面接官たちは、当日の評価をまとめておくために、話の内容を思い出そうとするだろう。このとき、もしあなたが研究所のメンバーの仕事について知的で鋭い質問をしていれば、また、いかに自分の研究が彼らの仕事を補完できるかを説明していれば、面接官たちの覚えもよく、称賛のレビューを書くのもずいぶん楽になるに違いない。だが反対に、希望する研究室で何が行われているかを知らず、自分の研究がメンバーの目標達成のために何の役に立つのかも理解していないと見なされてしまえば、面接官たちは記憶を呼び起こすのに苦労するだろうし、もしかすると、重要な貢献をしようという意思や能力があなたにあるのかと疑問に思うかもしれない。

## 練習に勝る近道なし

面接に出向く前に、論文のプレゼンテーション、あるいは口頭発表の練習をしておくのは例外なく不可欠なことだ。話をするのに慣れておけば、聞いている人たちの肩の力も抜け、発表を受け入れようという気持ちになるだろう。また厳しい質問に対処した経験があれば、進行を阻むような激しい質問攻めにあったとしても、受け身になったり、身を隠す穴をさがしたりする心配もなくなるだろう。

そのためには、自分の所属する場所で発表の練習をしておくといい。しかも、指導教官や友人の前だけじゃなく、同じ学科の学生たちにも聞いてもらうことだ。この練習をすれば、自分の研究成果を自分自身でもより明快に理解できるようになるが、効果はそればかりではない。聴衆が自分の話を理解していない事態を経験しておけば、面接を受けているときに同じ状況に陥ったとしても、即座に対処できるのだ。

研究室という場所では、セミナーで鋭い質問——発表されている研究の重要な側面を明らかにするような質問——をするスタッフが高く評価される。したがって聴衆のなかに、発表者が思わず身をよじるくらいの鋭い質問をしようと虎視眈々と狙っている尋問官が一人や二人いるのは、ほぼ間違いないと言っていい。とくに、あまりポストを得られそうにない若い研究者が、意識的か否かはわからないが、自分がいかに役立つ人間かを年長のスタッフに印象づけようとして、そういう行為に及びがちである。

よって、こうした厳しい反応に対処する手段を予め考えておけば、気持ち的にも、見栄え的にも、ずっと良好な状態で発表を続けられるだろう。想定外の指摘をされた場合でも、うろたえたり、早口になったりしてはいけない。その代わりに、ご指摘の点は的を射ているように思えるので、今後数ヶ月のうちに必ず検討しておくようにしますと答えるのである。

採用面接に向けた準備を、ポストに就くために必要な作業にすぎないと考えてはならない（研究助成金の申請や研究計画の検討について述べた次章以降でも、これとよく似た文章を目にするだろう）。自分は研究者として何を成し遂げたいのかと考えること、全体像を描いて自分の研究成果の意味を見いだすこと、同僚たちが何に刺激を受けるのかについて、その理由とともに思いをめぐらすこと。面接の準備段階で考えるべきこうした事柄はすべて、無事ポストに就いた研究者にとっても、成功のために必要不可欠なものだからだ。ポストを得るための準備段階でいろいろなことを考え、履歴書の書き方や文献調査のやり方を身につけておけば、採択されるプロポーザルを書いたり、どんな研究をしたいのかを判断するのがずっと容易になっているはずだ。

新しい職場にやってきたら人生が突如「早送り」に切り替わった、と感じる人は多い。ポストに着任してから、任期を更新したり、テニュアを目指したり、あるいは再び職さがしに舞い戻るまでの時間は非常に短く、たいへん貴重なものだ。だから、前もって考えたり書いたりしておけば、その一つひとつがあなたの負担を軽くし、パニックになるのを防いでくれるだろう。

## 採用通知を受け取ったら

複数の面接先から採用通知をもらうという嬉しい結末を迎えた場合、どこに行くかを決めるだけでなく、交渉ということについても少し考えておく必要があるかもしれない。つまり、たとえば、あなたが博士論文やポスドク時代の研究で特別な評価を受けるなど話題の新人である場合、あるいはまた、いくつかの一流機関からオファーを受けている場合には、これから自分が働こうと思っているところから、より高い給与をもらえるように交渉できるかもしれないのだ。

とは言うものの、一般の研究職レベルでは、ふつう給与面で差がつくことはほとんどない。だが、ラボの立ち上げ資金やスペース、技術員による支援など、その他の労働条件に関してはかなり融通がきくはずだ。

ジョブ・セキュリティを確保し、研究の世界で生き残るには、短い期間でそれなりの成果を出しておく必要がある。したがってあなたは、できるかぎり研究の邪魔が入らないように予めお膳立てをしたり、あらゆる設備やスペースを着任時には使えるように準備しておくべきだろう。大学のポストなら、ラボを立ち上げたりプロポーザルを書いたりと、何かと忙しい最初の一、二年は、授業の負担を比較的軽くしてほしいと学科長に頼むことに何の問題もない。また、必要な機材を指定し価格を伝え、それを購入することで得られる研究結果を説明すれば、そうした出費を納得させることもできよう。正当な要求であるのなら、多くを求めることを恐れてはならない。あなたが得るべきなのは学科からの敬意なのであり、愛情ではないのだ。

研究者の世界を見渡してみれば、**最もお金を使う人が最も影響力をもっている**ことに気づくはずだ。なにも無闇に浪費しろというのではない。ラボを最新のジェット旅客機のコックピットみたく作り上げたのはいいが、肝心のアイデア——有意義な研究結果を生み出すためには環境と同じくらい大切なもの——を見失ってしまったがゆえに失敗した若い研究者を、わたしは一人ならず知っている。だがそれにもかかわらず、解決したいと思う問題に高価な機材が必要ならば、それは要求すべきなのだ。新しい職場に来てみたはいいが、価値のある研究をはじめられず数ヶ月すわっているだけ、という状況を望む者はいないだろう。

希望どおりの労働条件を手に入れようとする際に非常に重要になるのが影響力《レバレッジ》という概念で、一般的に、競合する研究機関からのポストのオファーという形をとる。したがって、他の機関のポストを辞退し、自分がオファーを受け入れた機関と契約を結んでしまえば、レバレッジは大幅に減少する。

当然のことながら、新しい職場の上司はあなたの成功を願っている。とはいえ、使える予算が限られている以上、どこかに多く分配すれば、そのぶん別のどこかが少なくなるのは避けられない。しかもあなたのような新入りともなれば、立場は一番下っ端で、研究者としての信用度も取るに足らないわけで、資金、スペース、労働条件などをめぐる競争に勝つために好位置につけているとは、お世辞にも言えない。それを考えれば、交渉は他の誘いを断る前にしておくべきだ。

交渉の結果を文章の形で手に入れられそうなら、やっておいて損はない。それをしないと先方が不誠実な対応をするかもしれないから、というのではない。条件の提案をはっきりとした文章として残しておけば、話がこんがらがってきたときなどに、先方の記憶をよみがえらせるのに使えるからだ。だがここで、次のような疑問にぶつかる——雇い主の誠実さを疑っているそぶりを見せずに、どうやって条件を文章にしてもらえばいいのか。ひとつ巧妙な戦略をお教えしよう。以下のような手紙の中で、条件を自分自身で書き出してみるのだ。

親愛なるドクター・ホンチョ様

先日は、X研究室からいただいた内定について話をする時間を割いていただき誠にありがとうございました。私が理解したところによりますと、そのときにご提案いただいたポストには、次のような条件が含まれていました（この後に大切な条件を列挙する。ラボのスペース、機材、授業がない夏期の給与、授業を受けもつまでの猶予期間など、どんなことでも）。

ここに挙げたリストが、前回の面談の内容をしっかりと反映したものかご教示いただけましたら、それに沿って話を進めていけるかと思います。何卒よろしくお願いいたします。

ドクター・アイマ・ムーヴァー

内定をくれた研究機関が、それに対する返答に期限を設けるのは珍しくない。そうすることで、次点だった候補者をあまり待たせずに、内定の知らせや断りの手紙を送れるからだ。それゆえ、あなたが複数の研究機関を受けており、面接が遅々として進まないところがあった場合は、かなりのプレッシャーにさらされることになるだろう。期限が迫ってきても答えを決められないときは、もう少し時間をもらえるようにお願いするとよい。もしそれが認められなかったなら、あくまで自分の生活と幸福が最優先であることを心に留めて返答をすべきである。

研究室Bからの連絡を待っているうちに、すでにもらっている研究室Aの内定を逃してしまうのが嫌ならば、研究室Aの内定を承諾しておくのは理にかなっている。その後に研究室Bの条件のほうがいいことがわかったのなら、そちらを選び、研究室Aには考えを変えて辞退する旨を伝えて、謝罪することもできるからだ。もちろん、いったん受け入れた内定を蹴って友人が増えることはないし、約束を破るのは軽々しく行うことでも、頻繁にすべきことでもないのは当然だ。とは言っても、一番大切なのはやはりあなたの人生なのである。決断を迫るなど先方が強引な動きをする場合は、その研究機関に、上記の戦略の成果を受け入れる覚悟がある証拠になる。おそらく以前にも、そうした対応を経験したことがあるのだろう。

あなたは駆け出しの研究者であり、したがって、あらゆる交渉の場において弱者の側にいるのを忘れてはならない。強い立場にいる者たちの生活を楽にするのは、あなたの役割ではない。多くの場合あなたのような立場の者は、書面による契約はしてもらえないし、手に入れたポストだって特段安定したものとは言えない。たしかに内定への対応が今度の研究者生活に長期的な影響を与えることは理解しておくべきだが、だからと言って、未来の雇い主の都合のために、自分が必要とするものをあっさり諦めるべきではないのである。

# 8　研究費を獲得する

「立ってるついでに、ちょっと奨学金でもとってきてよ」

「成功した教授になりたければ、お金をとってこなければならない」という話を耳にしたことがある人も多いだろう。だがそんな人でも、新しいミレニアムに突入した現在では、公立の研究機関でさえ、そこで働きたいと思うなら研究助成金を獲得しなければならないとは聞かなかったかもしれない。

古き良き時代、つまり第二次大戦前の理系研究者たちは、資金提供機関に助成金の申請をすることも、お金を受け取ることもなかった。そもそもその時代には、それほど多くの研究者はいなかったのである。働く必要がないくらいお金をもっていたり、他人を説得して自分の研究に出資してもらえる人であれば、自分の手で研究室を立ち上げられただろう。だがそうでない人は、大学の給与と自らの財産が許す範囲ですませるしかなかった。

二十世紀後半になると、ハードサイエンスの成果によって、敵から身を守ったり、病気を治したり、生活を楽にする日用品を手に入れたりできるとわかり、それが科学の助成金のあり方に革命を起こすことになった。政府や産業界の面々は、科学においてリーダーシップをとるための投資が、繁栄に必要不可欠だと知ったのである（今日こうした教訓がどのくらい人々の記憶に残っているかは定かではない）。

大学が、政府をはじめとする外部組織から研究資金を受け取るという幸運に巡りあったのは、ちょうどその頃のことだ。読者のなかには大学の学費が天文学的に高いと考えている人もいるかもしれないが、学生が払う授業料だけでは大学の出費はまかなえない。慈善としてなされる寄付で、そのうちいくらかは補填できる。だが大きな大学では、研究助成金として入ってくる数百万ドルがなければ、カリキュラムを大幅に縮小せざるを得ないのが実情だ。

美術史を教えている同僚よりもかなり高い給与をもらっている理系の教授には、外部から資金をもってきて、自分自身と自分の所属する学科を支える責任がある。それをしなければ、その人はいずれ「好ましからざる人物《ペルソナ・ノン・グラータ》」と見られるようになる。テニュアのポストについていない場合は他の職場をさがすように言われるだろうし、テニュアであっても、大学院生もポスドクも雇えず、物価は上がれど給与は増えず、学科の意思決定に対する影響力も無きに等しくなるだろう。

こうした現実は、あなたがもし助教として大学に着任したならば、できるだけ速やかに研究助成金を獲得しなければならないことを示している（とはいえ、助教に課せられた責任の多くがそうであるように、助成金の獲得もまた、研究者を続けるために必要ではあっても、それだけで十分な条件にはならない）。助成金を得ることは非常に重要だ。一方で、大学で研究者としてのキャリアをスタートさせたばかりの人間にとって、助成金獲得の負担は、時間的、能力的に見てかなり重たいものとなる。そうした理由から、わたしとしては、あなたが大学に着任する前にその計画を立てておくこと、そして、ことによってはプロポーザル（研究助成金申請書）の草稿も作成しておくことを強く勧めたい。

プロポーザルの内容について考えるのに最適なのは、採用面接の準備をしているときだろう。前章で説明したように、面接官たちは、あなたの研究計画がどんなものかをとても熱心に知りたがるはずだ。したがって面接に向けて、ポストを無事勝ち取るのに必要なアイデアを練ったり、履歴書の「研究の方向性」の部分を書いているときは、プロポーザルに書き込む基本的な事項も同時に考えていることになる。事前にこうした作業をしておけば、いくぶん負担が軽い状態で助教の仕事をはじめられるだろう。もし資金提供機関に提出するプロポーザルの様式を知らなければ、いま所属している大学の教授たちに尋ねてみるとよい。わたしの予想では、教授たちはあなたの将来に向けた思慮深さに喜び驚きつつも、快く手助けをしてくれるはずだ。

プロポーザルで大切なのは、その研究課題が重要というだけでなく、現実味のある計画かどうかということだ。長い年月を必要とする大がかりな構想は、最初の申請には適していない。大学院生やポスドクを複数従えた正教授、あるいは巨大なプロジェクトにふさわしい実績のある研究者なら、壮大な試みに着手するための資金を得るチャンスもあるだろう。しかし新米の助教にすぎないあなたは、上記のどちらにも当てはまっていない。

プロポーザルに書かれた野心的な計画があまりに非現実的なものであれば、審査員たちは間違いなくその点に気がつく。そして、資金提供機関に意見を求められた彼らは、ライバルたちが申請した地道な計画のほうが成功する可能性が高いと進言するだろう。

では、壮大な計画につながる重要なアイデアをもっている場合は、どうしたらよいのか。そのときは、実現の可能性が高い短期的な計画をいくつか並べ、それ以降の冒険的な試みとして、先ほどのアイデアをプロポーザルに盛り込めばよい。あるいはまた次章でも述べるとおり、週に二、三時間をその壮大な計画にあてて、助成金とは関係なしにとりあえず進めておくこともできる。きっと数年たてば、なんらかの成果が期待できる状態になり、そうなれば今度は別のプロポーザルを書くときに、その研究計画を中心に据えられるだろう。

駆け出しの科学者であれば、一回の研究助成金の受給期間はふつう二、三年（最長で五年）だ。更新する際には、その助成金によって研究がどれだけ前進したかを報告することが期待される。つまり、なんらかの重要な成果があったと説明する必要があるわけだ。

こうした状況ばかりでなく、助教ならば就業時間の少なくとも半分は研究以外の仕事にとられることも考慮するなら、最初に助成金を申請するときに、すでにかなり進めてあるプロジェクトをいくつか入れておくのは、すばらしい考えだと言える。更新時には堂々と報告できる成果が出ていると前もって確信できていれば、精神衛生上たいへんよいのだ。わたしけなにも、すでに結果の出た(あるいはそれに近い状況の)研究を長いあいだ秘密にしておけと言っているのではない。そんなことをすれば、とくに活気のある領域では、ライバルたちに先を越される危険が増すだろう。言うまでもなく、そうした結果は昇進に響くし、精神衛生上もよろしくない。

論文執筆や口頭発表の場合と同様に、助成金申請の際も、参考文献の扱いをおろそかにしてはならない。自分の考えのもとになった研究や、同じ分野で活躍する同業者たちの業績を軽くあしらって得られるものは、ほぼ皆無なのである。

そうした同業者たちは、あなたのプロポーザルを判断する際に意見を求められる立場にある。したがって、プロポーザルが彼らの努力を無視したものなら、同業者たちは、あなたが先行研究の論文を読んでおらず、それゆえ他の研究の繰り返しになる恐れがあるので、採択しても時間とお金の無駄になると率直に進言することになろう。あるいは、あなたの考えには光るものがまったくないので、もっと他の研究者を参考にすべきだとまで言うかもしれない。どちらにしてもプラスにはならないはずだ。

プロポーザルを準備するときには、これから説明する自分の研究に関連した論文がないか、しっかりと調べておく必要がある。そして、その論文の重要性を議論し、自分の研究がそれと比べてどう違うか、あるいは、それをどう発展させたものなのか等を丁寧に説明すべきだろう。他の研究者の業績に敬意を示して、ライバルや審査員を節度ある範囲でいい気分にさせることは、採択の可能性を大いに高めはしても、そこないはしない。

近年よく見られるのは、個人の研究者よりも研究グループに助成金を出す傾向だ。もしあなたがグループでの助成金申請に名を連ねるように請われたなら、なにはともあれ参加すべきである。自分の所属する学科で模範的にふるまうことは、これまた、成功にとって十分ではないにしろ必要な条件だからだ。加えて、もし学科の研究者が協調的な人たちで、共通の目的に向かって共に仕事をしたいと考えているのなら、可能なかぎり、そうした特殊な状況を活用するほうがいい。

とはいえ、覚えておいてほしいのだが、そのグループが助成金を見事獲得したとしても、お金をとってきたという手柄が平等に評価されるわけではない。あなたがよほど特別な貢献をしたのでもなければ、手柄の大半はグループの上席メンバーのものとされるだろう。申請が通ったのは彼らの研究実績のおかげだった。ちょっとした理由をつけて、そう判断されるのだ。また、彼らが自分たちの成功を手助けしてくれる若者（つまりあなた）を見つけたという事実も、彼らの手柄であって、あなたの功績ではない。

そう考えると、グループでの助成金申請に参加したからといって、自分自身のプロポーザルを書くのを怠ってはならないのがわかるだろう。助教の任期を更新するとき、あるいはより上席のポストに昇進するときになれば、研究資金を集めるという能力はさらに重要になっていく。そして、その能力があると思われるかどうかは、あなた個人のやる気次第なのである。

理想主義的な人ならば、国防総省や製薬会社には助成金を申請したくないと言うかもしれない。そんな軍事関連組織や実利偏向の機関に協力するよりも、アメリカ国立科学財団（NSF）やアメリカ国立衛生研究所（NIH）のような「清廉な」機関がいいというわけだ。わたし個人の意見としては、自分がやりたい研究、重要だと思える研究に助成金をもらえるのなら、それを出した機関の意図を問うのは馬鹿馬鹿しいように思う。意図がどんなものだろうと、それは向こうの問題であって、あなたのではないのだから。さらに付け加えるなら、NSFやNIHも、予算を税金でまかなっている点は国防総省と変わらない。だとすれば、一方の助成金だけを使ってはならない理由はなくなるはずだ。

人間がお金を使うとき、そこには恐怖や強欲や肉欲が大きく関わっている。同じことは、科学に対してお金を使うときにも言えるだろう（さすがに肉欲は関係ないかもしれないが）。納税者と彼らが選んだ代表が、巨額の予算を「純粋な」物理研究に割り当てるのは、難解な理論や理解しがたい実験結果に関心をもっているからではない。そうじゃなくて、第一級の物理研究を支援することで、軍隊は国益を守る最新の武器を手にし、産業界は世界経済のなかで競争力を維持するための製品を手にできると、彼らは考えているのだ。生物学の領域なら、研究に資金を注ぎ込ませている大きな要因は、病気への恐れである――細胞の働きが納税者を引きつけているわけではない。

あなたがもし優れた研究計画のアイデアをもっているならば、それに興味をもつかもしれない、できるだけ多くの資金提供機関に、プロポーザルという形でそのアイデアを伝えるべきだ。その際は、それぞれの提供機関の方向性に合わせて、前置きを書き換えるといいだろう。おかしな罪の意識が邪魔をして、プロポーザルが提出できなくなってしまえば、助成金を得るチャンスはずっと頼りないものになる。そして助成金を獲得できなければ、研究者への道が完全に断たれてしまうこともあるのだ。

## プロポーザルには何を書くべきか

新しくプロポーザルを書く場合は、それを審査する人たちが、次の二つの重要な点を納得できるようにしておくべきだろう。

1　あなたの計画している研究が重要で、時宜にかなっているということ
2　現実的に考えて、あなたに計画を実現できる手腕があるということ

プロポーザルの導入部では、アイデアの背景を説明しておく。具体的には、自分が何を明らかにしようとしているのか、そうやって得られた結果が現在の科学知識やわたしたちの認識にどう当てはまるのか、あるいはそれをどう変革するのか、といったことを示すのがよい。

人気のある研究領域では、導入部のかなりの部分が紋切り型の表現で埋められているケースをよく見かける。「ある問題に対して解決策を提供する」というのもその一例だが、実のところ、それと同じ約束は毎年のようになされているのだ。この点を考えれば、約束というものに対し謙虚でいるのは悪い態度ではないだろう。それによって、絵に描いたモチと、本当に実現できると考えている計画を、きちんと区別していると示せるからだ。それにまた、自分の二、三年の貢献だけで歴史を変えられると信じているふりをしなくとも、心血を注ぐに足る長期間の展望を前面に出すことはできる。自分の研究の可能性を慎ましく見積もるのは、それが意味

のない謙虚さでないかぎり、過大評価をする場合よりも敬意を得やすいものだ。
ここで、これまで説明してきたことの具体例を示そう。わたしの専門である固体表面科学でプロポーザルを書くとしたら、導入部は次のようになる。

表面科学の研究が過去数十年にわたり熱心になされてきたのにはいくつかの理由があるが、そのひとつに、金属および酸化物の粉体表面を触媒として、自動車の排ガスの有害成分を除去するものから石油化学製品を生み出すものまで、非常に重要な化学反応が起こることが挙げられる。商用触媒をより安価に、より効率的にする方法を見いだすという目的は、したがって、世界経済にとって何億ドルもの価値がある。いま述べたような事実を、表面科学の研究者はよく指摘する。四十数年になろうとする表面科学の歴史が、商業的に価値のある新しい触媒材料にただの一度も結びついていないというのが、彼らの共通認識であるにもかかわらずである。表面科学がそうした「失敗」をしてきたのは、物質表面における触媒作用というものが非常に複雑な事象であり、また表面に対する分子の分離や結合のような、触媒反応を構成する各段階は、基本的なものですら十分に理解されているとは言いがたいからだ。表面科学が著しい発展を遂げてきた領域として、表面の原子配列を決定するツールの開発がある。この領域の発展のおかげで、今では非常に様々な結晶表面上の原子配列が知られるようになった。表面科学はこのようにして、分子表面の基本的な相互作用の研究に方向転換してきたのである。こうした方向性をもつ研究を進めること、たとえば$H_2$のような単純な分子が比較的単純な金属結晶の表面といかに相互作用するかを理論的、実験的に調べることで、私たちは、触媒表面における分子の化学的な諸側面を理解する重要な一歩を踏み出せると考えている。

表面科学の研究者たちの絵に描いたモチが、ここでまったく無視されているわけではないことに注目してほしい。この研究はぜひとも行うべきだという主張の根底に流れているのは、究極的にはそれが何億ドルもの価値をもつ発明につながる、という考えなのだ。しかしながら、この文章の書き手は、自分の研究がすぐさま大きな経済的影響をもたらすと資金提供機関が考えるとは思っていない点を明確にしている。提供機関には、それを解決することでもっと長期的な目標の実現に一歩近づけるような重要な研究課題に取り組んでもらいたいと、書き手は言っているのだ。

研究計画の背景を説明する際には、目標設定が現実的なものだと信用してもらえるような根拠を示すのが大切だ。たとえば、自分の最近の進捗状況を記して、それが今後行う研究にどのようにつながるかを説明するとか、あるいは、これまでとは違った方向に進む場合は、他の研究者の研究結果を記し、それがいかに新しい成果なのかを説明するとよい。

また、もし新しい技術を開発していて研究でそれを利用するつもりなら、その技術の説明は、審査員がきちんと理解できるよう十分慎重に行うべきだろう。そんなことをしたらライバルに盗用されてしまうと心配する気持ちはよくわかる。しかし、どんな研究をするのかについて細かい点まで説明がなければ、それを読む人たちは、あなたの計画を真剣に受け取るのは難しいと考えるかもしれない。人生はリスクの連続である。そして、いま述べたこともまた、あなたがとるべきリスクのひとつにすぎないのだ。

資金提供機関は、プロポーザルの審査員に対し、もしその研究が成功するとして、それが実現したときの影響を評価するよう、はっきりと求めている。だから、審査員がその作業をやりやすいようにしておくのも、うまい手だと言えるだろう。具体的には、自分がこれから行う研究の領域の概略を示し、その計画の成功がなぜ大切なのかを明確にする。研究の全体図を理解しているとアピールするのは、非常に重要なのである。以上のことを考えれば、プロポーザルの執筆が実は研究者にとって大切な訓練であり、政府からお金を引き出すための取るに足らない作業ではないとわかるはずだ。そして、自分の研究がジグソーパズルの重要な一ピースであると自ら納得し、他人をも説得できるなら、その研究はもっとわくわくする、実りのあるものとなるだろうし、同僚にもより真剣に扱われるようになるだろう。

いま述べたことに加えて、以下のような点を盛り込むのもいい考えだ。これまで入手できなかったデータのうち、あなたの研究によってどんなものが手に入るようになるかを書く。どんな難問がその領域の知的発展を阻んできたのかを説明する。ある特定の反応物の分離がなぜ重要だと思われているのか、あるいは、先行実験の解釈がなぜ誤っていて、それがその後の研究にどんな混乱をもたらしたのかを述べる。また、過去の業績に対して敬意を表し、自分のアイデアがそこに重要な一ページを新たに書き加えるものだと示すのもよいだろう。

プロポーザルを準備しているあいだは、それを審査する人たちがプロの研究者であり、研究とはどのようなものかをよく理解していることを忘れないように。つまり彼らは、研究がしばしば当初の計画から外れてあらぬ方向へと進むこと、すばらしいと思っていたアイデアも袋小路に行き着く場合があること、新しい結果が思いがけなく得られ、それによって最初の計画を捨てて別の選択をすべき場合があることをよくよく心得ているのだ。

プロポーザルは、それが書かれた時点において、一貫性と意義をもっていなくてはならない。だがもし一年後になって、異なるアプローチを受け入れたり、新しい計画に取りかかるのが理にかなっていると考えるようになったのなら、計画の変更を恐れる必要はない。ただしそれは、更新時期には、すでに重要な結果を手にしている（あるいはもうすぐ手にできる）と考えられる場合である。研究助成金は、研究の過程で間違いだとわかった道をたどるようにあなたを強制するものではない。

　採択されるかどうかは、最初の申請のときは、よい問題に取り組んでいると示すことにかかっており、更新の申請のときには、二、三年後に出る研究成果に価値があると論証することにかかっている。ということはつまり、最初のプロポーザルを準備するときには、問題に対して考えられるアプローチをすべて書き出して、万全の準備をしようとする必要はない。それよりも、少数の計画をきっちりと説明し、うまくいかなかった場合に何か違った手をうてるよう心の準備をしておくべきである。

　研究助成金を獲得するために必要な準備は、要するに、採用面接を突破するのに要求されることや、うまくいく研究プロジェクトを考案するのに要求されることと非常に似ている。人生のもっと後の段階になって、たとえば複数の助成金をもらい、大学院生やポスドクの面倒も見なければならないような立場になったときには、プロポーザルの執筆を手間のかかる雑用として見ることもあろう。だが、あなたはまだ駆け出しの研究者でしかない。そんなあなたにとって、プロポーザルの準備とは、ちょっとした技術や知識をもっているだけの若者が、科学コミュニティに迎え入れてもらうためにしなければならない、欠くことのできない訓練なのである。

## 9　研究計画を立てる

できることなら、みなさんにノーベル賞の獲り方を教えてあげたいとは思う（自分にも教えてあげたいくらいだ！）。しかしながら、本章ではもっとずっと謙虚な目標を設定することにしよう。つまり、研究計画の立て方によって、成功の可能性がいかに変わっていくかをお教えしたいのだ。研究計画は、重要な研究結果を生み出すという点ばかりでなく、研究者としてとにかく生き残るという点においても重要なものである。

成功するプロジェクトを立てるには、まず自分の実力をかなり冷徹に分析する必要がある。言い換えれば、科学的な面から見て心躍るようなプロジェクトだけを考えるのではなく、適切な時期に終わらせられるものを計画すべきだ、ということだ。また、現在行っている研究が自分の長期的な展望にどう関わっていくのかについても、しっかり考えておく必要がある。そうすることで、現在専門としている研究領域の外にも、自分の取り組みの成果が広がっていくかもしれない。それに加えて、自分が研究で培ってきた経験――他の領域にとっては珍しい視点、頭抜けた技術力など――がライバルよりも有利に扱われるケースについて考え、その有利さを利用できるプロジェクトを選択すべきだろう。

新しく開発した技術、見事習得した複雑な手法、精製して得た特別な物質、分離した有機物など、自分のこれまでの成果を活用するのは、たしかにいい考えだ。しかしながら、そのような「技術志向型」ではなく、「問題志向型」の研究者になるように自分を仕向けられたなら、研究者として生き残る可能性や長期的に見た生産性は、飛躍的に高まることだろう。

ここでいう問題志向型とは、自分が解きたいと思っている科学上の問題に対して明確なビジョンをもち続け、その問題の解決を目指して仕事をするタイプのことだ（解決策が新技術の開発、習得につながる場合もある）。自分の技術を応用できる科学的トピックにしか興味をもたない研究者や、特殊な技術を有しているだけの研究者を指しているのではない。

技術志向型で行くと決めた場合は、研究者として指導的立場に立ち続けるのは難しいだろうし、個人的に興味をもっている研究対象を追い続ける自由も遠からず失うことだろう。一方、問題志向型になるといっても、問題解決に使えるすべての技術を一人で習得する必要はない。がんばって新しい技術を身につけるよりも、共同研究者をさがすほうが合理的な場合が多いのだ。つまり、あなたは第一に研究においてリーダーシップをとるべきであって、技術において指導的立場に立つのは二の次なのである。

他に比べてリスクの高い研究領域があることも覚えておきたい。たとえば、すでに十分な研究がなされていて、未解決の「大問題」がたったひとつしかないような領域に取り組んでいるなら、あなたがそれを解く人物になれる可能性はまずないはずだ。だから、自分の研究成果が貢献として認められる可能性が大きい領域でキャリアをスタートさせるのは、たとえそれがいくぶん地味なものであっても、より分別があることのように思える。

## タイミングがすべて

研究方向を定めるときに最も重要視すべき問題のひとつに、タイミングがある。あなたがもしポスドク研究員で、一年半後にはパーマネントのポストをさがしはじめる予定なら、終わらせるのに二年かかるような研究を活動の中心にしてはならない。

ポスドクであるにもかかわらず、指導教官から長期間にわたる大がかりなプロジェクトに取り組むように言われたのなら、最低限でも、ポストさがしがはじまる時期までにどんな研究結果が得られそうかという見通しを確認しておくべきだろう。もし、結果が出るのが任期が満了してから数ヶ月後になるのなら、経済的支援を受け続けられるか否かも確認しておいたほうがいい。あなたの任期が二年間で、指導教官の言っているような、論文出版に値する特筆すべき研究結果がどう考えても一年半以内には出ないように思えた場合は、もっと短い期間で結果が出る研究を先に（もしくは同時に）はじめる必要があることを謹んで伝えるべきだ。

それでも指導教官が長期間のプロジェクトに全力を注ぐべきだと言い張るのなら、次のことを思い出すようにしよう——研究者として成功しようが失敗しようが、結局のところ、**責任をとってくれるのは自分しかいない**のだ。指導教官が（とくに若手である場合）ポスドクの利益よりも自分の利益を優先するケースもないわけではない。そんな場合はその研究室を出て、出版する価値のある結果を短期間で出すための、より現実的なチャンスを与えてくれる場所をさがしたほうがいいだろう。

研究室を移る際は、いまの指導教官の愚痴を、これから行こうと思っている研究室の指導教官に言わないよう気をつけること。面接の目的はあくまで、研究者としてやっていくのに必要な事柄を自分は十分に理解していると示し、新しい上役にそれを納得してもらう点にある。最初の指導教官のプロジェクトは自分としても追求してみたいものだったが、その一方で、重要な結果が得られ論文が出されるときには自分は研究室にもういないのではないか、自分の貢献はほとんど評価されないのではないか、二年が終われば失業手当で過ごす羽目になるのではないか、という不安もあったと伝えるのに、わざわざ愚痴を言う必要はない。

## 状況を見極める

重要なプロジェクトであれば長期間になるのも致し方ないという、まさに「冷徹な分析」については、批判的に見てみる価値があるだろう。先人の経験からわかるのは、重要なものであろうがなかろうが、研究プロジェクトは、適切な技術的環境のなかで着手できるようになって初めて時宜を得たものになる、ということだ。環境が整わないうちに提案された長期間のプロジェクトでは、不十分な装備で前進を余儀なくされ、実りのない数週間、数ヶ月、あるいは数年間へとつながることが多い。

無理な試みをした挙げ句に壁にぶつかってしまうのは、満足のいくことでも実りのあることでもないわけで、そう考えれば、自分で計画したものだろうと指導教官や同僚に提案されたものだろうと、長期の研究計画には慎重に取りかかるべきだ。短期間で終わらせられない重要な研究に関しては、（あなたや別の研究者によって）新しい技術が開発されるまでは手をつけないのも、ひとつの見識である。そのほうが、最後には成功するはずだという仮定に基づいて力業でずんずん進めるよりも、いい結果が生まれるかもしれない。

力まかせに研究を進める場合に問題となるのは、任期を満了して他のポストをさがしはじめる（あるいは、テニュア審査を受ける）までに重要な研究結果を出せるかどうかが定かではない、という点ばかりではない。本当に危険なのは、あなたが苦労して進んでいるあいだに、ライバルが手間を簡略化した新技術を開発して、先にゴールにたどり着いてしまうことである。

## 技術志向型か、問題志向型か

大学院を出た若き研究者たちの大多数はある程度の技術を習得しており、そのうちの多くが、そうして身につけた技術を中心に据えて研究計画を立てようとする。だがこれは往々にして、次に何をするかを考える際の思考様式に残念な影響を与えることになり、その思考様式をわたしは――『作者を探す六人の登場人物』の著者ルイジ・ピランデルロには申し訳ないが――「問題をさがす六つの技術」と呼ばせてもらっている。つまり、技術から出発して問題を見つけ出すのだ。

研究機関にも非がないわけではない。というのも、博士号取得者やポスドクを雇うとき、そうしたところでは、特定の実験装置（シンクロトロン放射装置など）を使ったことがあるとか、注目の新しい技術（走査型トンネル顕微鏡やトランスジェニック生物など）を経験したことがある人物を求め、結果として、技術志向型の傾向をしばしば強化してしまうからだ。新しく採用された研究者が、たとえばシンクロトロンの専門家になることを受け入れ、そのせいでシンクロトロン放射に無関係なプロジェクトに携わるべきじゃないと感じてしまっているのなら、その人物は科学の世界にほとんど何の印象も残せないだろう。当然、それはキャリアに影響するはずだ。

レーザーのような注目すべき新装置、あるいは核磁気共鳴分光法のような新技術が初めて実用化されたときに、そうした装置や技術を使って今まで未解決だった問題を解けないかと考えるのは、たしかに有益だ。とはいえ、自分が得意とするひとつの技術を十年一日のごとく使い続けて、問題を次々に解決できた研究者は数えるほどしかいない——井戸もいつかは涸れるのだ。

最も魅力的な発表をし、最も重要な論文を書き、最もたやすく研究助成金を獲得するのは、重大な問題に焦点を絞って、その解決にあらんかぎりのリソースを注ぐ研究者である。だからわたしは、あなたにも問題志向型になるよう強く勧めたい。自分や同僚が使う技術はさておき、重要な科学的問題を扱えるような研究計画を立てるべきなのである。

シンクロトロンやら走査型トンネル顕微鏡やらにすべての研究時間を捧げる気はないと伝えれば、熟練した技術を理由にあなたを雇った人は、少なからず落胆するかもしれない。しかしだからといって、数年後にその特定の技術が衰退して、あなたが時代遅れになってしまうのが望ましいわけでもないのだ。

最初に与えられていた技術面での役割から身を引いたり、それ以外の技術に手を広げる必要があると判断したときでも、すでに進行中のプロジェクトについては、きちんと自分の責任をまっとうしなくてはならない。もしそれを見事にやってのけられたなら、所属機関の落胆も軽減されるだろうし、幅の広がったあなたの研究によって、重要な科学的問題が解決に近づき、新しい研究資金が獲得でき、研究業界におけるあなたの地位も保たれる（あるいは向上する）ことだろう。

## 生き残るためのいくつかの戦略

研究者としての商品価値を上げ、昇進のチャンスを高めてくれるような業績は、どうやって打ち立てればよいのだろうか。いくつかの戦略があるので、以下で見ていこう。

まず一番わかりやすいのが、短期のプロジェクトを次々とこなすことによって、結果として、長期間を必要とする重要な問題の解決を目指すという方法だろう。この場合、それぞれの短期プロジェクトは、長期の目標から見て節目となるような、出版可能な結果を生み出すものである必要がある（第5章で述べた「パブロン」を思い出してほしい）。こうしておけば、論文や口頭発表の冒頭で、自分自身やその研究結果を長期的に取り組んでいる興味深い研究領域と結びつけて紹介できるし、そこで得られた新しい知識を披露すれば、この人物はプロジェクトを終わらせることも、所属する学科の評判を高めることもできるという信用が生まれるだろう。

短期のプロジェクトを計画し結果を論文として出版することはまた、出し抜かれる可能性を最小限にとどめる。あなたの能力がどんなに高かったとしても、とくに人気のある研究領域を選んだ場合は、非常に優秀なライバルが何人も現れるだろう。したがって、アイデアを出版可能な単位に小分けし、それらを論文として世に出しておくのは、自分の研究の功績（あるいは「先取権」）を認めてもらうために大切だ。それはまた、研究者としての個人的な評判を高めるばかりでなく、あなたの研究にお金を支払っている人たちにとっても、その評価につながるという点で重要な意味をもっている。

短期プロジェクトの結果を出版して、論文リストを長くするたびに、未来の雇い主の目には、あなたがもつリスク要因が少なくなっていくように見えるだろう。実績のある者が、正体のはっきりしない者より好まれるのは当然だ。充実した論文リストは、あなたの生産性がこれまで、そしてこれからも高いことを示す、これ以上ない証拠となるのである。ちなみに、専門家たちが正当にも、使い回しの論文でかさ増しされた論文リストを軽蔑しているのは確かだが、内容が盛りだくさんの長編論文を書いたからといって、特別に評価されることはない（第5章参照）。

短期プロジェクトの成果をひとつ出版するたびに、あなたと所属している機関の生産性が、同僚研究者、契約部門の責任者、未来の雇い主に宣伝される。またそれと同時に、あなたは科学コミュニティに対しても評価に値する貢献をしたと見なせる。というのも、新しいアイデアをタイミングよく紹介すれば研究の重複を防ぐことになり、その研究領域の発展も早まるからだ。小さなプロジェクトの積み重ねが大きな成果や発見につながれば、それらを包括するレビュー論文を書く機会も必ずやってくるだろう。

ついでに言えば、論文数は少ないよりも多いほうがいい。あなたを評価する人たちのなかには数字を気にするタイプもいて、そういう人たちに対して、いくつかの点でプラスに作用するからだ。彼らは論文数に注目するだけではない。論文がどれくらい引用されているかを調べるために、データベース（ウェブ・オブ・サイエンスなど）にもあたっているだろう。あなたの論文数が二倍になれば、その「客観的尺度」から数字好きの人たちが受ける衝撃も、およそ二倍にふくれあがる。こうした考えを下品だと思う読者もいるかもしれない。わたしもそうだ。だが、あなたの未来を左右する人たちのなかには、まず間違いなく数字を気にするタイプがいるはずで、そうした人たちを喜ばせることには何の不都合もないのである。

研究者としてのキャリアを成功に導くもうひとつの重要な戦略は、複数のプロジェクトに同時に携わるというもので、これにはいくつかの利点がある。たとえば、プロジェクトAに関するアイデアが一時的に枯渇したときには、その日、その週、その月の残りの時間を無駄にすることなく、たんにプロジェクトBに取りかかればいい。また、あるプロジェクトが終わったときなら、それから数日かけて次に何をしようかと考えなくても、別の研究（願わくけ出版可能なもの）を進めるのに時間を使える。

複数のプロジェクトに同時に携わるというのは、実のところ、若手（に限らないが）研究者が長期的なプロジェクトに取り組むための唯一の方法である。個人的な話をすれば、わたしは、金属結晶表面上の原子と分子に関するエネルギー論をモデル化するコンピュータプログラムを書くのに一〇年（!!）の歳月を費やした。一〇年のあいだに、研究の過程で得られた技術上の進歩（計算効率を高める数学的技巧など）を何本かの論文として出版できたが、真に重要な研究成果は、実際にコンピュータコードが完成したときに初めて生まれたのである。

この長期的なプロジェクトのあいだも研究者として生き残れたのは、共同研究をして、問題解決に必要な各種ツールを開発していたおかげである。自分の研究時間の半分を、そこで開発したツールを使う短期プロジェクトに費やすことで、わたしは一年に数本の論文を出版できた。このペースは、同僚や雇い主をして、わたしが脳死状態ではないと知らしめるのに十分なものだった。

とは言うものの、若手研究者たちに一〇年かかるプロジェクトを提案しようとは思わない。わたしだって実際は、研究者としてある程度の実績を積むまで、そのプロジェクトをはじめるリスクを冒さなかったのだから。だが、あなたが取り組みたいのが、たとえ三年で終わるプロジェクトだったとしても、やはり並行して進められる研究を他に用意しておくことを強く勧めたい。

いくつかのプロジェクトに同時に取りかかる戦略には、少なくともあと二つの利点がある。ひとつ目の利点は、それによって他の研究者よりも幅が広がることだ。研究者は、仕事を進めていくうちにどうしても視界が狭くなり、のめりこんでしまいがちだ。とくに公的・民間研究機関で働く場合はそうで、反対に大学で講義を受けもっていると、その傾向は薄れる。

研究者は広く浅くを目指すべきだとか、いろんなことに手を広げすぎて何の業績も残せない研究者になるべきだとか、そういうことを言うつもりは毛頭ない。だがそれでも、ひとつの関心だけではなく、ちょっとは違ったものに手を突っ込んでみれば、研究者として成功する可能性が高くなるのではないかとは思っている。たとえば、ある研究領域の人気がなくなったとき、すでに手を伸ばしていた他の領域の重要性が増すことがあるかもしれない。また、ある領域で学んだり発展させたりした優れたアイデアを、他の領域で応用できる場合もあるだろう。こうした応用は、その領域を発展させるための非常に効果的な手段になり得る。

現在進行中のプロジェクトを複数抱えることの二つ目の利点は、ライバルに出し抜かれたときのダメージが軽減することだ。人気のある領域で研究をするのなら、この点にも注意をしておきたい。

## 自分の名前を知ってもらおう

科学コミュニティに自分の存在を知ってもらうのは、若手研究者にとってとくに大切なことだ。他の研究者と共同研究をすれば、論文数はたしかに増えるだろう。ところが特別なケースを除いて（目を見張る独自の技術を提供したときなど）、共同研究の論文の手柄は、より上席の研究者にほとんどもっていかれてしまう。「若手ポスドクら」の研究と見なされる代わりに、「有名教授率いるグループ」が出版した論文と受け取られるのだ。あなたの名前が論文の最初に載ったとしても、これは変わらない。

こうした理由から、自分が唯一の著者、あるいは実験家グループ内の唯一の理論家となるようなプロジェクトを検討し、実際に取り組み、その結果を出版することは重要だ。唯一の理論家である場合は、お抱え理論家、つまり注文に応じて回帰分析を行う分析家としてふるまうだけでは物足りない。同僚の実験家たちが思いつけないような新しいアイデアを明確な形で提供する必要があるだろう。

## 人気分野にご用心

人気のある領域での研究は心躍るものだが（盛大な学会は人でごった返し、いたるところに賞の香りが漂っている）、危険なビジネスでもある。だから流行の研究領域に足を踏み入れようと思えば、まず、この大勢の研究者のなかから頭角を現す現実的なチャンスが自分にあるのかを問わなければならない。また以下のことも考えておきたい。無事に問題が解決されたときに、自分が熟知しているのがその領域しかなかったなら、他の領域で再び地歩を固めるのにどれくらい時間が必要か？　自分がもっているアイデアは、ライバルたちのものと似たり寄ったりではないか？

より危険が少ないのは、流行を追うのではなく、流行を牽引していくやり方だ。たとえば、ひとつの方法として、日頃から技術発展の動向に目を光らせておき、以前であれば時期尚早と棚上げされていた解決策として、そこで見つけた技術が使えないかと考えることが挙げられる。それに加えて、問題解決に必要な技術を自分で開発する手もあるだろう。もちろん、そのためには多大な労力が要求されるはずだ。だがその代わりに、ライバルたちと競争を繰り広げる必要はなくなる——わざわざ骨の折れる仕事をしようという者はめったにいないからだ。そのようにして、最先端の技術に疑いようのない進展をもたらせたなら、あなたは少なからぬ評価を受けることだろう。

大がかりなプロジェクトに取り組むうえで避けられないリスクは、(一生懸命に研究することを除けば)十分な資金を確実に使えるようにすることで低減できる。資金提供機関や企業の研究部門が、あなたの成功に真の利害関係をもつようになるのは、あなたの研究目標に多額の投資をしてからの話だ。そして投資が大きくなるほど、彼らはプロジェクトの成功を信じて疑わないようになる。

お金を節約したという理由で出世した研究者はいない。わたしの研究領域で言えば、たとえばアルゴリズムの目覚ましい発展は、以前に比べてごく短時間で固体の性質を計算することを可能にした。これによって、研究者たちが請求するコンピュータ関連の予算は少なくなっただろうか? とんでもない! 代わりに彼らがしたのは、それまでよりもスケールの大きな問題を解くと提案することだった。今もっているものよりも高性能のコンピュータを要求し、それを使う時間もより長くしたのである。

研究者の世界では野心は報われる。小銭を切り詰める心配は経営側にまかせておけばよい。それはあなたの仕事ではないのだから。あなたがすべきなのは、心躍るような研究結果を出版するにとどまらず、そのためのサポートを定期的に求め、お金を出す側の人たちに、自分が研究者として活動を続けていると知ってもらうことなのである。

# 10 サバイバル・チェックリスト

外科医であれば使わない場合もあるだろうが、
パイロットは、幸運なことに、みな使わざろを得ない。

理系研究者を目指す人たちは、パーマネント・ポストを手に入れようと多くのものを投資する――高等教育のために「人生の最も輝ける時代」を一〇年近くも費やし、多くの場合、さらに数年間をポスドク研究員として過ごすのだ。以下のチェックリスト*は、その投資を無駄にすることなく、目標を実現させるのに役に立つかもしれない。

＊参考文献 Atul Gawande, *The Checklist Manifesto: How to Get Things Right* (New York: Metropolitan Books, 2009)〔ガワンデ『アナタはなぜチェックリストを使わないのか?』吉田竜訳 晋遊舎〕

## 1 相手の立場になって考えよう

研究生活のあらゆる場面において、自分の枠から一歩外に踏み出して、相手が自分の取り組みについてどう反応するかを想像してみよう。たとえば、職場の時間をどう使うか、セミナーをどう準備するか、原稿をどう書くか、どう編集するかなどを考えるときに、学科のスタッフ、組織のマネージャー、セミナーの聴衆、論文の読者などの反応をそれぞれ思い描くのだ。パーマネント・ポストに就くということは、すなわち科学コミュニティとの契約書にサインをするということである。そして契約というものは、双方がその内容に満足しないかぎり結ばれはしない。あなただって、研究をする十分な時間、ラボ立ち上げのための十分な資金、職場外で「人生を楽しむ」余裕、十分な給与といった保証がなければ、ポストを引き受けたりはしないだろう。だとすれば、ひとつ考えてほしい。あなたに給与を支払う人や、同じ研究業界にいる人は、契約書の内容として何を求めるだろうか?

まずは、次のような質問をしてみよう。「高機能の実験装置を使って見事なデータを得たが（あるいは、洗練されたコンピュータプログラムを書いたが）論文を出版していない人がいる。自分だったら、そういう人物を雇うように勧めるだろうか?」。答えは当然ノーである。だが、大切なのは答えの正誤ではない。この質問で肝に銘じてほしいのは、プロジェクトを終わらせ、論文を書き、それをジャーナルに投稿するのは、あなたが夢見るポストを得るための前提条件だということである。

お次はこの質問だ。「面接で準備不足の発表に出くわしたら、自分ならどういう印象をもつだろう。スライドは散漫でまとまりがなく、論旨にも説得力がない場合、その発表者を喜んで雇いたいと思うだろうか?」。ここでもまた、答えは明らかにノーだ。だとすれば、この問いについて考えておけば、口頭発表を魅力的で、説得力があり、学ぶところの多いものにしようと思う十分な刺激となるだろう（詳しくは第4章を参照）。

最後は、こう問いかけてほしい。「面接応募者の論文リストに、書き方のまずい研究報告書《リサーチ・ステートメント》や論文を見つけたら、どう思うだろうか?」。ここでもやはり未来の雇い主の身になって考えてみれば、自分の書く文章の容赦ない編集者になることは、時間の投資先としては文句のつけようがないと気がつくだろう（第5章を参照）。

以上をまとめると、自分が夢見るポストを得るには、相手が求めているものを与える必要がある、となる。そしてこれを理解するには、相手の立場になって考えてみるのが最もよい方法なのである。

## 2 優先順位をはっきりさせよう

新しいことにチャレンジする機会がめぐってきても、次の重要な問いについてよく考える前にイエスと答えてはならない。その問いとは「自分の仕事は何だろうか？」というものである。

一般的な例として次のような場面を想像してほしい。あなたは二年任期のポスドク研究員で、研究をはじめて数ヶ月が経過したところだ。自分の最初の研究プロジェクトを終わらせようと悪戦苦闘しているときに、研究助成金がもらえるコンペの知らせを見つける（あるいは指導教官から教えてもらう）。あなたはそれに参加すべきだろうか？ よほどのことがないかぎり、答えはノーである。というのも、この場合「自分の仕事は何か」という問いの答えは、「なによりもまず、自分の研究プロジェクトを終わらせること」、具体的に言えば、論文を書き上げ投稿することだからだ。お金をもってくるのは、あなたの仕事ではない。それは指導教官や部門のマネージャーの役目なのだ。助成金申請に時間を費やすべきか悩むのは、ポスドクとして十分な経験を積んでから、つまり、論文を投稿し（できれば二本以上）、採用面接のときに説得力のあるストーリーを披露できる自信がついてからでいい。まだそういう状況にないのなら、ポスドクにとって、プロポーザルの準備は気を逸らす雑念でしかない。ひとつの仕事に専心することが成功につながるケースは多い。

別の例を挙げてみよう。大学あるいは企業で働く新米研究者であるあなたが、科学協会のある委員会のメンバーになるよう依頼されたとする。あなたはそれを引き受けるべきだろうか? 答えは見込まれる仕事の負担度によって異なる。もしその仕事が大きな重荷となり、研究の生産性が容認できないレベルまで下がるのなら、申し出は辞退すべきだろう。委員会のメンバーになれば、敬意を得られるかもしれないし、影響力をもつ同業者たちのネットワークに加われるかもしれない。だが、たとえばテニュア審査を受けるなど、研究者として重要な局面を迎えたときに判断材料にされるのは、何をおいてもまず、あなたがどのような研究成果を生み出してきたか、という点であるのを忘れてはならない。どうしても委員会に入りたいのなら、パーマネント・ポストに就いた後に好きなだけ引き受ければよかろう。決してその前にすべきことではない。

## 3 ノーと言うべきときを知ろう

少しのわがままも言うことなく、快活な研究者であり続けられるだろうか? おそらく無理なはずだ。というのも、何事にも従順でノーが言えないと見なされた人物は、しばしば目にするような、いつも不機嫌で怒りっぽい科学者の仲間入りをする可能性が高いからである。委員会の仕事、ジャーナルの共同編集者、共同プロジェクトの主任監査員などを依頼されたときにノーと言えなければ、絶えずストレスにさらされることになり、そのせいで快活さが消え去るのだ。

あなたの目標は、大学にいようが民間の研究所にいようが、研究上の成果によって敬意を勝ち取ることだ。自分の身に降りかかる余計な仕事をすべて引き受けて、愛情を勝ち取ることではない。しっかりとした評判を築き、それ相応の経験を積んだ人物であれば、いろんな仕事に手を出すのは自由だし、またその能力もあるかもしれない。だがその場合でも、あまりに関係のない仕事なら、本人にとっても、家族にとっても、断ったほうが結果的に幸福であることが多い。

## 4 つながりの大切さに気づこう

研究の生産性を高めることを別にすれば、人とのつながりを活用する以上に、あなたが夢見ているポストに就く確実な方法はないだろう。では、OB・OGネットワークにはどうやったら加われるのか？　その秘密は面接時の握手の仕方にある……なんてことはなく、自分の名を売る機会を利用することで実現できるかもしれない。

まずは机の上からはじめよう。自分の研究テーマに関連する刺激的な論文を読んだ経験はあるだろうか？　そのときに何か重要な疑問が思い浮かばなかっただろうか？　もし思い浮かんだのなら、論文の著者にメールを送って、その疑問について意見交換をするといい。そうしておけば、あなたがポストをさがしているときに、その論文の著者があなたの鋭い質問や批評を思い出して、手を差し伸べてくれるかもしれない。

次に研究室だ。自分の所属や指導教官関連のところばかりでなく、他の研究室にも顔を出し、何が行われているかを知っておくといいだろう。面識をもった研究者のセミナーには参加すること。そこでもまた意見交換をすること。

学会ではどうすべきだろうか。まずは学会の前にプログラムを読み、関心をもった発表を選ぶ。その発表者たちの最近の論文をダウンロードして、熟読しておく。そうして質問を考えておいてから学会に行けば、セッションが終わった後にでもその発表者に話しかけて、意見交換ができるだろう。

旅行に出かけているときにも、やれることがある。旅行先の近くに、いつの日か働きたいと思っている研究所はないだろうか？　もしあるのなら、その研究所を訪問できないか検討してみるべきだ。まだ学生なのであれば、夏のあいだにでも、そこに一週間、あるいは一ヶ月ほど滞在できないか問い合わせてみるといい。「相手の立場になって考える」という視点をもっていれば、実際に会って品定めできた人物が、面接のために束の間やってきた（推薦状もインフレを起こしているかもしれない）候補者と比べ、雇い主にとってどれほど雇いやすいかがわかるはずだ。だとすれば、将来の雇い主と顔見知りになっておくのはいい狙いだと言える。

⁂

何年か前にミッドウェスタン州立大学で行われたキャリア・デー・レクチャーで、わたしは本書で述べてきたようなアイデアを披露した。そして、こんな質問を受けた――もしみんながあなたのアイデアを採用したなら、それを使う利点がなくなっちゃうんじゃないですか？「仰るとおり」とわたしは答えた。「効率的市場の理論から考えればね。でも、そんなことがすぐに起こるとは思っていないよ」

本章に挙げたチェックリストは、その大部分が常識的な発想に基づいている。だが常識に従って行動できる人は思っているほど世の中に多くないし、それに呼応するように、パーマネント・ポストの市場も効率的とはとても言えない。だからこそ、あなたはこのチェックリストを心に留め、正しい道を進むべきなのだ。多くのライバルたちがそれをしないならば、なおさらである。

# あとがき——成功のための行動主義的アプローチ

## 経験は最良の教師である（ただし、その経験が致命的でない場合は）

本書が暗黙のうちに前提としていたのは、研究者として一歩を踏み出すために必要な態度は学ぶことができる、というものだ。だが、わたしの同僚の多くはこの点を疑っている。お手上げだと諦め、ダーウィン的アプローチをとるよう提唱しているのである。同僚たちは言う——学生は自ら経験を重ねていくことで一人前の研究者になるのであり、その方法は教えられるものではない、と。適者生存は学生にも当てはまり、適応に失敗した学生は、科学界という名のジャングルの掟に従い、生き残ることができないというわけだ。本書の冒頭で述べたように、この問題に対して、レッセフェールを唱えつつ運命論的な立場をとることには、ひとつの利点がある。学生に研究者の生存戦略を授ける必要がなければ、忙しい教授の時間がそれだけ節約できるのだ。だが一方で、もしその見方が間違っていれば、その教授たちは重要な責任を放棄した罪に問われるだろう。

わたしがとるのは行動主義的な観点だ。たしかに、一人前の研究者になる過程で成熟していく感情や思考というものはあるかもしれないし、そうしたものは経験を通じてしか涵養できないのかもしれない。だが、大学院生をプロの研究者に変えるのに実際に必要なのは、ある一連の態度を学ぶことなのである。学生が十分な準備をして口頭発表に臨んだのは、本書がそれを優れた考えとして推奨したからなのか、それとも、経験を通じて得た深い確信がそうさせたからなのか、と理由を問うことにはあまり意味がない。重要なのはあくまで結果、つまり、セミナーが聴衆にとって刺激的で、啓蒙的なものになったか、という点なのである。教育によって学生が研究者に相応しい態度をとれるようになるかという議論が、優れた口頭発表をするとか、すばらしい論文を書くとか、採用面接を勝ち残るとかいった、もろもろの技法を教える妨げになってはならない。実際、そうした技法を学ぶのはまったく難しくないし、核となる考えを知るのに多大な知的負担がかかることもない。

加えて、経験を通じて態度を身につける方法には、明らかにひとつ問題がある——たとえ経験によって成熟した感情や思考が身につくのだとしても、その経験自体が、研究者の道を断ってしまうほど不幸なものであるケースが少なくないのだ。それを考えれば、**自分自身ではなく他人の不幸な経験から学ぶことには、ずっと大きな利点がある**と言えるだろう。

本書を書きながら望んでいたのは、この本を読んだ皆さんが自分のキャリアについて関心を深め、成功を勝ち取れる生産的な研究者らしく行動するようになることだった。もし皆さんが、いま準備している口頭発表はよく構成されているか、自分が書いている論文は今後五年にわたって満足できるものになるのか、この研究計画は自分が進むべき道の節目となるか、と改めて考えてくれたのなら、わたしの試みは成功したと言っていい。

もちろん、いま挙げたような点でどれだけ上首尾にやれたとしても、これから先、難しい状況に陥ることはあるだろうし、いくつかの選択には後悔を感じるだろうし、もしかしたら挫折してしまうことすらあるかもしれない。それでもなお、理系研究者として一歩を踏み出すチャンスは、ずっと大きなものになっているはずだ。

諸君の成功を祈る。

# 謝辞

わたしとは背景も経験も科学的興味も異なる人たちに、この小さな本を受け入れてもらえるよう、何人かの友人、同僚に助言を求めた。ヴァージニア大学のマイケル・J・ウェバー教授、アリソン・P・ウェバー教授には草稿を読んでもらい、数多くの建設的な批評をいただいた。サンディア国立研究所の同僚であるエレン・ステシェル博士、ニューメキシコ大学のジョージ・ルーガー教授にも原稿に目を通してもらい、意見を頂戴した。妻のロリからは編集上の助言をたくさんもらった。皆さんに感謝申し上げる。

# 訳者あとがき

本書は、一九九三年の第一版刊行以来、理系研究者を目指すアメリカの大学生、大学院生に広く愛読されてきた Peter J. Feibelman, *A PhD is not enough!* の全訳です。訳出にあたっては、二〇一一年刊行の増補改訂版を底本としました。

この本を手にとってくれた皆さんなら先刻ご承知だと思うのですが、研究者を目指す若者にとって、現代は受難の時代です。大学院に進み、数々の困難を乗り越えて博士号をとったはいいが、それまでの苦労に見合うようなポジションが十分に用意されていない。結果として、多くの博士号取得者たちが、その豊かな才能や経験をいかすことなく、研究の表舞台から姿を消していきます。こうした状況は、日本では九〇年代半ばから顕著になり、一時は社会問題にまでなりましたが、研究環境の厳しさという点では、アメリカも引けをとらないようです。

著者のピーター・ファイベルマン氏は、そのアメリカで四〇年以上にわたって研究者としてのキャリアを積み上げてきた大ベテラン。しかも、コロンビア大学を最優秀の成績で卒業したほどの秀才だったと聞けば、ポストに就くのもさぞかし楽だったろうと想像しますが、実際は正反対、多難の道だったそうです。

私たちは、ポストを得るには研究の才能さえあればいいと考えてしまいがちです。けれども、結果として一流の研究者となったファイベルマン氏でも苦労したという事実を前にしては、それだけでは「不十分」だと結論するほかありません。じゃあ、研究者になるには他に何が必要なのか？――その問いに答えるのが、あなたがいま手にとっているこの本なのです。

本書は実用を目的としているので、当然ながら、研究生活の各場面ですぐに使える実践的なアドバイスが数多く紹介されています。一方でまた、即効性はないけれど、知っておけば将来確実に役に立つ心構えについても繰り返し語られ、しかも著者の主眼はそちらに置かれているようです。たとえば、研究者として成功するには「自分自身を知ること」が非常に重要だ、というのもその一例でしょう。なんだか新社会人向けの処世訓みたいですが、実のところ、これこそが先の問いの答えのひとつでもあるのです。「自分自身を知る」とは言葉だけ見ると簡単そうですが、慣れ親しんだ環境内で自分の状況を改めて見つめ直すというのは、意外に難しいものです。しかし本書をじっくりと読み、数々の具体例に触れていくうちに、たとえすぐにはできなくとも、なんとなくコツのようなものが掴めてくるはずです。自分が属している世界はどんなもので、そのなかで自分は何を武器にできるのか。そうやって俯瞰的・客観的に考えられるようになれば、しめたもの。ライバルたちよりも、自分の実力を効率的に発揮できるようになっているでしょう。ファイベルマン氏は、これ以外にも、研究室で教えられることのない大切な知恵を、本書で惜しみなく公開しています。それを読めば、この小さな本が四半世紀近く愛読されつづけてきた理由がきっとわかってもらえると思います。

ここで注意点をひとつ。アメリカの大学生・大学院生に向けて書かれた本書は、必然的に当地の教育システムを前提にしています。そのため、正直なところ、日本の読者には馴染みの薄い事例も頻出していま す（たとえば、テニュア・トラック制度は日本ではまだ珍しく、助教の扱いも日米では違っています。ま た第6章のキャリア事情、第7章の交渉術などもアメリカ特有の話と言えるでしょう）。しかしだからと 言って、本書の価値が減じることはありません。というのも、先ほど説明したように、著者が本当に伝え たいのは研究者がもつべき知恵であって、それはどの国に行っても共通のものだからです。したがって本 書は、将来アメリカで研究をしたいと考えている人はもちろん、日本国内で研究者を目指す人にとっても 実りの多い、必読の一冊と断言できるのです。

翻訳にあたっては、内容に正確を期すため、博士号をお持ちの二人の研究者に訳稿に目を通していただ きました。ジョンズ・ホプキンズ大学医学部で研鑽を積まれ、現在は大阪大学免疫学フロンティア研究セ ンターで活躍されている池博司氏には、訳語のみならずアメリカの研究事情について貴重なアドバイスを 頂戴しました。チリ共和国の科学研究センター（CECs）で長年活躍され、現在は北海学園大学教授の前 田秀基氏には、理系研究者の日常から、研究費獲得や論文執筆の細部にいたるまで、丁寧に教えていただ きました。お忙しいところご協力いただいたお二人に心から感謝します。また、著者のピーター・ファイ ベルマン氏からも数々の有益な助言と励ましを頂戴しました。あわせて感謝申し上げます。

本書がきっかけとなって、一人でも多くの若き研究者が夢の実現に近づけることを願っています。

二〇一五年四月

西尾義人

**ピーター・J・ファイベルマン**（Peter J. Feibelman）
一九四二年ニューヨーク市生まれ。カリフォルニア大学サンディエゴ校で博士号（物理学）を取得。CENサクレー（フランス）、イリノイ大学でポスドクとして研究に従事し、ストーニー・ブルック大学で三年間教員を務める。現在、サンディア国立研究所シニア研究員。本書 *A PhD is not enough!* は、一九九三年に第一版、二〇一一年に増補改訂版が刊行された。

**西尾義人**（にしお・よしひと）
一九七三年東京生まれ。国際基督教大学教養学部語学科卒業。翻訳業。

*A PhD IS NOT ENOUGH!* はPerseus BooksグループのBasic Booksによって米国で出版された。

ISBN 978-4-8269-0179-6

博士号《はかせごう》だけでは不十分《ふじゅうぶん》！

二〇一五年五月二〇日　第一版第一刷発行

著者　ピーター・J・ファイベルマン
訳者　西尾義人《にしおよしひと》
発行者　中村幸慈
発行所　株式会社　白揚社　©2015 in Japan by Hakuyosha
〒101-0062　東京都千代田区神田駿河台1-7
電話03-5281-9772　振替00130-1-25400
装幀　岩崎寿文
印刷・製本　中央精版印刷株式会社